来自哈佛、耶鲁、斯坦福、北师大等世界名校的

经典心理学实验、心理学效应、心理学定律、心理学应用

拿来就用的
心理学

告诉你怎样用心理学
解决日常生活中遇到的问题

王絮◎编著

立信会计 出版社
LIXIN ACCOUNTING PUBLISHING HOUSE

图书在版编目（CIP）数据

拿来就用的心理学 / 王絮编著. -- 上海: 立信会
计出版社, 2015.6
（去梯言）
ISBN 978-7-5429-4497-9

Ⅰ.①拿… Ⅱ.①王… Ⅲ.①心理学—通俗读物
Ⅳ.①B84-49
中国版本图书馆CIP数据核字（2015）第055751号

策划编辑　蔡伟莉
责任编辑　蔡伟莉
封面设计　久品轩

拿来就用的心理学

出版发行	立信会计出版社			
地　　址	上海市中山西路2230号		邮政编码	200235
电　　话	（021）64411389		传　　真	（021）64411325
网　　址	www.lixinaph.com		电子邮箱	lxaph@sh163.net
网上书店	www.shlx.net		电　　话	（021）64411071
经　　销	各地新华书店			

印　　刷	固安县保利达印务有限公司			
开　　本	720毫米×1000毫米	1/16		
印　　张	15.25		插　页	1
字　　数	232千字			
版　　次	2015年6月第1版			
印　　次	2015年6月第1次			
书　　号	ISBN 978-7-5429-4497-9/B			
定　　价	36.00元			

如有印订差错，请与本社联系调换

前 言

在一个著名的旅游胜地有一家玉器店，一天，店老板让营业员把两副相同的玉镯标上不同的价格出售，其中一副标价200元，另一副标价500元。年轻的店员觉得非常奇怪，就问老板："同样的东西，谁会多花300元钱去买呢？500元的那副能卖出去吗？"老板笑了笑，没有回答。

不一会儿，一群外地游客走了进来，五六位女士开始挑选自己喜欢的商品。一位女士拿起那两副手镯比来比去，不知如何选择，一旁的店员也不知说什么好，干脆不予介绍。看了一会儿，那位女士说："这副500元的手镯我买了，给我包起来。"

她的一个同伴说："这副看起来和那副200元的没啥区别啊。"

买镯子的女士看了同伴一眼，自信地说："有区别，质地不一样。"

顾客走后，老板对店员说："怎么样？"

店员说："她为啥要买500元的那一副？这不是明摆着当'冤大头'吗？"

老板说："我也不知道为啥，反正我知道愿意当'冤大头'的人还真不少！"

明明是同样的商品，为什么标价越高，购买的人反而越多呢？这就与人们的消费心理有关。

在我们的生活中，会出现很多与心理学相关的现象：为什么我们总是难逃"买一赠一"的诱惑？为什么有些人特别迷恋星座和血型说？为什么有的学生平时成绩明明很好，但一到考试就"砸锅"？为什么工作的时间总是过得特别慢？为什么夫妻之间会有"七年之痒"？……

心理学可以帮你找到答案。

有些人会认为，心理学一般是心理治疗师和心理学专业的学生研读的，大多数"非专业"人士没必要学习心理学。其实不然，心理学的各种现象充斥在我们生活的各个角落。了解心理学，对我们日常生活、社交以及身心健康都有极大的帮助。

还有些人对心理学存在着这样或那样的误解，认为心理学是在故弄玄虚，或者把心理学和弗洛伊德的解梦说混为一谈……一切的一切，只是因为人们不了解心理学。

其实，心理学是一门生动有趣的学科。

可是，当人们翻开心理学那厚重的课本时，可能就会感到困惑：涉及心理学的理论知识如此之多，要从何读起？为什么感觉如此枯燥难懂？

……

为了使更多的人轻松了解心理学，本书以漫画的方式，生动地讲解了心理学的系统理论知识，解释了与我们生活息息相关的心理学现象，希望人们可以在愉悦的心情下，快乐阅读，快乐收获。

目 录

第三章　情绪和行为控制心理学

第四章　个性心理学——人格差异

第五章　人在社会中的心理学

第六章　心理疾病及治疗

第七章　八大必知的心理学定律

第八章　无处不在的心理学

第一章

初探心理学

什么是心理学

心理学是研究人的科学的重要组成部分，它是一门理论性很强，应用范围也很广的学科。长期以来关于它的研究对象，各种心理学派各持己见，没有形成统一的看法。

以德国的冯特为代表的构造主义学派认为，心理学研究的对象是意识经验，并首创了内省法来研究意识经验。他们把意识经验分析成感觉、意象和感情等若干基本的心理要素，认为心理活动是这些基本要素的整合。

以美国的詹姆斯为代表的机能主义学派认为，心理学研究的对象是个体适应环境的机能。他还认为心理活动是一种持续的意识流，因此不能分析出基本的心理要素，他所强调的是行为的机能而不是结构。

以美国的华生为代表的行为主义学派认为，心理学研究的对象是可以观察和测量的行为，心理学是行为的科学，而不是意识的科学。他坚决反对传统心理学中的意识和内省这两个基本概念。主张用客观的方法，按照刺激—反应的公式去研究心理学。他把传统心理学中的意识、感觉、意象等概念一概排除在心理学的研究范围之外，并错误地把人的行为和动物的行为等同起来加以研究。

以奥地利的弗洛伊德为代表的精神分析主义学派认为，心理学研究的对象是意识和潜意识两个部分。其中的中心课题应当是研究潜意识的活动，包括人的原始的盲目冲动、各种本能，以及虽然曾经被意识到，却被压抑到无意识中的欲望。以德国的魏特墨为代表的格式塔主义学派又认为心理学主要研究的是有关知觉的历程。

直至20世纪50年代之后，各学派对心理学研究对象的看法一般趋于折中的倾向。尽管如此，至今仍没有一种统一的说法。

我们认为，心理学是一门研究人的心理活动及其规律的科学，科学的心理学不仅对心理现象进行描述，更重要的是对心理现象进行说明，以揭示其发生和发展的规律。

心理学研究什么

心理学都研究点什么

人的感觉、意象、感情……

德国 冯特

我们每个个体适应环境的机能……

美国 詹姆斯

可以观察和测量的行为……

美国 华生

人的意识和潜意识……

奥地利 弗洛伊德

人的知觉产生、发展的历程……

德国 魏特墨

心理学
是一门研究人类
心理活动及其规律的学科

心理学的发展历史

心理学是一门既古老又年轻的科学，起源于近代西方哲学，于19世纪末成为一门独立的学科。

在心理学未成为独立的学科以前，就有很多古代哲学家、教育家、文学艺术家和医生关注到了"观念"、"心灵"、"欲望"和"人性"等心理学问题。在欧洲，心理学的历史可以追溯到古希腊柏拉图、亚里士多德时代。亚里士多德曾就灵魂的实质、灵魂与身体的关系和灵魂的种类等问题从理论上进行了探讨，而他的《论灵魂》也被认为是历史上第一部论述各种心理现象的著作。

心理学的诞生和发展受到了近代哲学思潮的影响。17世纪著名的哲学家笛卡儿发明了唯理论哲学，认为某些心理现象如感觉、想象和情绪活动都离不开身体的活动；而经验主义代表——英国哲学家洛克则反对笛卡儿的观点，他认为人的知识和经验是靠后天获得的，同时将经验分为源自外界的外部经验和源于自身的内部经验。随着不断发展，哲学中的唯理论与经验论的斗争，渐渐就表现在现代心理学各种理论派别的斗争上。

近代哲学为西方现代心理学的诞生提供了理论基础，而现代心理学的试验方法则直接来源于实验生理学。实验生理学的发展，特别是神经系统生理学和感官生理学的发展，对心理学走上独立发展的道路产生了重要的影响。

19世纪前，心理学属于哲学范畴。19世纪中叶，开始引入实验作为心理学的研究方式，使得心理学成为一门独立的学科，德国的韦伯研究出著名的韦伯定律。1860年，德国的费希纳开创心理物理学，德国的艾宾浩斯开创记忆的实验研究。1879年，德国的冯特在莱比锡大学建立心理研究，标志着科学心理学的诞生，实证研究方法的运用是这一学科成为科学的转折点。在其后的一百多年里，心理学高度发展，学科体系也进一步得到了完善。

心理学起源于西方哲学

历史上第一部论述各种心理现象的著作。

论灵魂

← 亚里士多德

感觉、知觉、想象、情绪等心理现象都离不开身体活动。

唯理论

一切知识和观念都是后天从经验获得的，外部经验叫感觉，内部经验叫反省。

经验论

现代心理学各种理论派别的斗争。

哲学理论的斗争

心理学起源于西方哲学

　　心理学是一门古老的科学，起源于西方哲学。

　　哲学中的唯理论与经验论的斗争，渐渐地就表现在现代心理学各种理论派别的斗争上。

实验生理学的影响

1811年,德国柏尔、法国马戎第发现了脊髓运动神经与感觉神经的区别。

1840年,德国雷蒙得发现了神经冲动的电现象。

1850年,德国赫尔姆霍茨测量出神经的传导速度。

19世纪中叶,生理学成为独立的实验学科。

1870年,德国弗里茨和希兹研究出动物的运动性行为是由大脑叶的某些区域支配的。

1869年,英国杰克逊提出了大脑皮层的基本机能界限。

1861年,法国布洛卡确定了语言运动区的位置。

实验生理学的发展让心理学脱离了哲学

生理学的发展,特别是神经系统生理学和感官生理学的发展,对心理学走上独立发展的道路产生了重要的影响。简单来说,现代心理学的实验方法直接来源于实验生理学。

史上第一个心理学实验

第一个心理学实验发生在公元7世纪的埃及，埃及国王把两个孩子带到一个与世隔绝的地方，并提供给他们足够的水和食物，唯独禁止他们与外界交流。埃及国王认为孩子长大后依然会说出埃及的语言，然而事与愿违。这就是历史上有记载的最早的心理学实验。

心理学几大主要学派

19世纪末到20世纪二三十年代，是心理学中派别林立的时期。至今，心理学共有数十种流派，大致包括构造主义心理学派，机能主义心理学派、格式塔心理学派、行为主义心理学派、精神分析心理学派和人本主义心理学派等。

构造主义心理学派的奠基人为德国心理学家冯特。构造主义的理学派主张心理学应研究人们的直接经验，即意识经验。并把人的经验分为感觉、知觉和激情三种元素。感觉是知觉的元素，意象是观念的元素，而激情是情绪的元素。

19世纪末机能主义心理学在美国兴起，代表人物是美国心理学家威廉·詹姆斯。机能主义心理学派主张心理活动的作用在于获得、巩固、保持、组织和评价经验，从而指导行为，以便能更好地适应环境。

格式塔心理学派由柯勒、彦夫卡和魏特墨于19世纪末20世纪初在德国创立。德语中，格式塔的意思是"整体或完整的图形"。格式塔学派强调的是人的经验的整体性。格式塔心理学非常重视心理学实验，为人们在知觉、学习和思维方面的研究提供了大量的基础资料。

19世纪末20世纪初，行为主义心理学派在美国兴起，以美国心理学家华生为代表。他们反对研究意识，主张研究人的行为；反对使用内省法，主张运用试验方法进行研究。

精神分析心理学派是由奥地利心理学家弗洛伊德创立，是西方颇有影响的心理学主要流派之一。精神分析学派认为，人类的一切行为都源于心灵深处的某种欲望和动机，重视对异常行为的分析，并强调心理学应该研究人的动机和无意识现象。

20世纪五六十年代，人本主义心理学派在美国兴起，以马斯洛、罗杰斯为代表人物。人本主义心理学以意识为出发点，主要研究人格发展与社会生活的关系，代表了当代心理学发展的新方向。

构造主义心理学派

一切复杂的心理现象都是由感觉、意象和激情三种元素构成的。

心理学应研究人们的直接经验，即意识经验。

研究主要依靠被试者对自己经验的观察和描述，采用内省的方法。

冯 特

构造主义心理学派

　　构造主义心理学派的奠基人为德国心理学家冯特。构造主义在早期的心理学体系中是最严密的，在相当长的一段时间内决定了心理学的发展方向，极大地促进了心理学的发展。

机能主义心理学派

心理学主要用来研究心理适应环境的机能作用。

意识是一个川流不息的、连续的、有选择性的过程。

心理学研究重点在于研究意识的作用与功能。

威廉·詹姆斯

机能主义心理学派

　　19世纪末机能主义心理学在美国兴起，代表人物是美国心理学家威廉·詹姆斯。机能主义心理学派主张心理活动的作用在于获得、巩固、保持、组织和评价经验，从而指导行为，使人能够更好地适应环境。

格式塔心理学派

魏特墨
彦夫卡
柯勒

魏 特 墨

人的每一种经验都是一个整体，不能简单地用其组成的部分来说明。

整体不能还原为各个部分、各个元素；部分相加不等于全体。

整体先于部分而存在，且制约着部分的性质和意义。

格式塔心理学派

在德语中，格式塔的意思是"整体或完整的图形"，格式塔学派强调的是人的经验的整体性，格式塔心理学很重视心理学实验，为人们在知觉、学习和思维方面的研究提供了大量的基础资料。

行为主义心理学派

心理学应该摒弃意识、意象等太多主观的东西，只研究所观察到的并能客观地加以测量的刺激和反应。

人的气质、性格、素质都是后天养成的。

一个正常人只要具备合适的环境和受训机会，就能获得能力，从而胜任任何职业。

华生

行为主义心理学派

行为主义心理学派于19世纪末20世纪初在美国兴起，以美国心理学家华生为代表。行为主义心理学派主张心理学应研究人的行为而非意识。

精神分析心理学派

欲望或动机受到压抑，是导致心理疾病的重要原因。

人的重要行为表现是自己意识不到的动机和内心冲突的结果。

心理学的研究重点应在于人的动机和无意识的现象。

弗洛伊德

精神分析心理学派

　　精神分析心理学派是由奥地利心理学家弗洛伊德创立，是西方颇有影响的心理学主要流派之一。精神分析学派重视对异常行为的分析，并且强调心理学应该研究人的动机和无意识现象。

人本主义心理学派

心理学研究要以意识为出发点，研究重点在于人格发展与社会生活的关系。

心理学研究应充分关注人的目的、价值和创造性。

人在进化过程中已经具备了高于一般动物的潜能，心理学的关注重点就是如何使这些潜能得以实现。

马斯洛

人本主义心理学派

　　人本主义心理学于20世纪五六十年代在美国兴起，以马斯洛、罗杰斯为代表人物。人本主义心理学以意识为出发点，主要研究人格发展与社会生活的关系，代表了当代心理学发展的新方向。

心理学的研究领域

心理学是一门交叉学科，随着社会的不断发展，心理学的研究领域也日益扩大。从根本上说，心理学的研究领域可以分为"基础"和"应用"两部分。主要有普通心理学、生理心理学和心理生理学、发展心理学、教育心理学、医学心理学、工程心理学和社会心理学等。

普通心理学研究的是心理学基本原理和心理现象的一般规律。如感知觉、记忆和思维的一般规律，人的需要、动机及各种心理特性的一般规律等。普通心理学是所有心理学分支的最基础和一般学科，属于心理学的入门学科。

生理心理学和心理生理学研究心理现象的生理机制。主要指各种感官的机制、神经系统特别是脑的机制、内分泌腺对行为的调节机制、遗传在行为中的作用。生理心理学主要研究行为因素对行为和心理的影响，以及大脑、神经系统、内分泌系统和生物化学因素等生理功能在其中所起的作用；心理生理学研究的则是由心理活动引起的生理功能的变化。

发展心理学研究的是心理学的发生和发展规律。一般以人的整个生活历程作为研究对象，探讨人在不同发展阶段的不同心理特点。发展心理学按照人生的阶段，分为婴幼儿心理学、儿童心理学、少年心理学、青年心理学、成年心理学、中年心理学和老年心理学。

教育心理学是心理学的一个重要分支，研究的是教育过程中所包含的各种心理现象，揭示教育同心理发展的相互关系。

医学心理学研究心理因素在疾病发生、诊断、治疗及预防过程中的作用，是心理学与医学相结合的产物。

工程心理学研究的是人与机器之间的配置机能协调，它与管理心理学相结合，统称为工业心理学。

社会心理学是系统研究社会心理与社会行为的科学，研究的是团体中的社会心理现象。如社会情绪、社会交往与人际关系等，应用范围十分广泛。

心理学研究领域（二）

心理学是一门交叉学科

心理学的研究领域是错综复杂的，随着现代心理学的日趋发展，心理学研究开始逐渐渗透生活的各个领域，因而产生了心理学与其他学科的交叉，如工程心理学和教育心理学等。

研究教育过程中所包含的各种心理现象，揭示教育同心理发展的相互关系。

教育心理学

研究心理因素在疾病的发生、诊断、治疗及预防过程中的作用。

医学心理学

研究人与机器之间的配置机能协调，企业中的人际关系心理学问题。

工程心理学

系统研究社会心理与社会行为。

社会心理学

心理学的研究方法

心理学是一门科学，因此，研究心理学就需要用客观的研究方法和科学谨慎的态度。目前来说，心理学研究方法主要包括观察法、测验法、实验法和个案法四种。

观察法是在自然条件下，对表现心理现象的外部活动进行有系统、有计划的观察，进而发现心理现象产生和发展的规律性的方法。

测验法指的是通过一套预先经过标准化的问题（量表）来测量某种心理品质的方法，按内容分为智力测验、成就测验、态度测验和人格测验；按形式可分为文字测验和非文字测验；按测验规模可分为个别测验和团队测验等。

实验法是指在控制条件下对某种心理现象进行观察的方法，分为实验室实验和自然实验。实验室实验借助专业的实验设备，在对实验条件严加控制的情况下进行；自然实验也叫现场实验，是在人们正常学习和工作的情境中进行的。

个案法是一种比较古老的研究方法，由医疗实践中心的问诊方法发展而来。个案法要求对某个人进行深入而详尽的观察研究，以便发现某种行为和心理现象的原因，通常与其他研究方法配合使用。

没有一种研究方法是完美的，每种都有它们各自的利与弊。观察法的研究条件更加自然，一次性能获取大量信息，但难以发现不常出现的行为，容易出现不稳定的因素，结果难以量化；测验法可以收集大量信息，了解到观察对象的整体特征，但容易忽略测验项目外的事情，不能确定因果关系；实验法的条件简单纯粹，能够在自然状态下看见不常出现的行为，情境可以再现，却有脱离实际的危险，一次所获取的信息量较少，无法认识到行为的整体性；个案法具有一定的实践性，有助于了解到特殊案例，但记录容易因研究者的主观意识而产生偏差，无法控制环境，情境也难以再现。

几种主要的研究方法

在自然条件下，对表现心理现象的外部活动进行系统性、计划性的观察，从中发现心理现象产生和发展的规律性的方法。

观察法

利用一套预先经过标准化的问题（量表）来测量某种心理品质的方法。

测验法

在控制条件下对某种心理现象进行观察的方法。

实验法

针对某个具体对象进行的深入详尽的观察研究，以便发现影响其某种行为和心理现象的原因。

个案法

客观科学的心理研究法

研究心理学需要用客观的研究方法和科学谨慎的态度。目前来说，心理学研究方法主要包括观察法、测验法、实验法和个案法四种。

几种研究方法的优劣对比

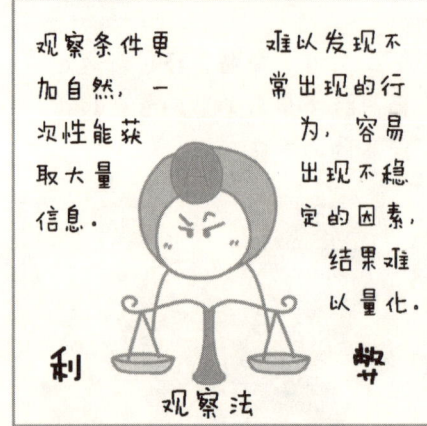

观察条件更加自然，一次性能获取大量信息。

难以发现不常出现的行为，容易出现不稳定的因素，结果难以量化。

利　弊

观察法

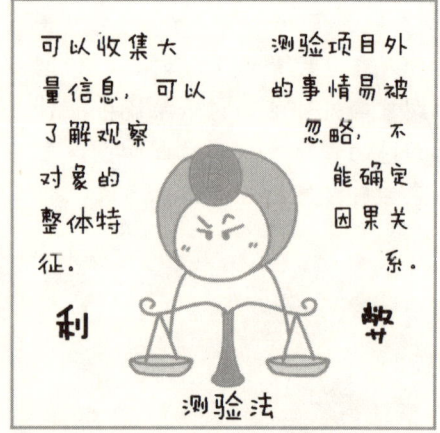

可以收集大量信息，可以了解观察对象的整体特征。

测验项目外的事情易被忽略，不能确定因果关系。

利　弊

测验法

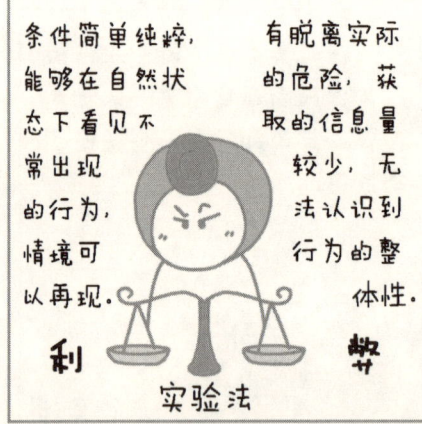

条件简单纯粹，能够在自然状态下看见不常出现的行为，情境可以再现。

有脱离实际的危险，获取的信息量较少，无法认识到行为的整体性。

利　弊

实验法

具有实践性，能够了解到特殊案例。

记录容易因研究者的主观意识而产生偏差，无法控制环境，情境难以再现。

利　弊

个案法

研究方法要根据实际情况灵活采用

无论哪一种研究方法，都有它的利与弊。最好的办法是根据研究的目的和领域灵活选择适当的方法。

走出心理学的误区

长久以来，人们对心理学存在着这样或那样的误解，如有的人认为心理学很神秘，也有的人认为心理学完全是在故弄玄虚，还有的人对心理治疗避之不及，狭隘地认为心理治疗仅仅是心理治疗师利用"催眠"的手段对自己的认识想法"巧取豪夺"。现在，我们就为大家揭开心理学的神秘面纱——

首先，心理学并不是"读心术"，它无法做到真正地将一个人看穿。这是因为，心理活动并不仅仅是人们内心所想，它还具有更丰富的内涵。而心理学家仅仅是通过观察现象去探测和研究心理活动的规律，他们既没有猜透别人内心世界的特异功能，也没有感受到别人内心的超能力。

其次，世上没有一种事物能够完整无误地揭示一个人的心理。现在很多人迷恋"星座和血型"说，其实是在研读星座和血型时，已不知不觉地跌进了一个叫做"巴纳姆效应"的怪圈里，从而产生错觉。"巴纳姆效应"指的是，人们常常认为一种笼统的、一般性的人格描述就能十分准确地揭示自己的特点。

再次，心理治疗也并不完全等同于催眠术。心理治疗针对不同的心理疾病患者，会采取不同的适当疗法，催眠疗法只是若干种心理治疗方式之一。

心理学是一门日益成熟的科学，并不是毫无根据地故弄玄虚。心理学中涉及的各项内容背后都有着很多观察实验结论为依据。研究心理学不是一朝一夕的事，而是一个持久深入的系统过程。

涉及心理学的时候，有些人偏爱谈论"梦"，认为学习心理学，就要懂得解梦。事实上，梦是睡眠状态下的产物，虽然有时候通过梦境可以探测出我们的潜意识，但若认为研读心理学就是学解梦，就以偏概全了，因为严格意义上的心理学从未把梦当作主要的研究对象。

心理学真的能看透一个人的内心吗

心理学不是读心术

　　心理活动并不仅仅是人们内心所想，它还具有更丰富的内涵，心理学家仅仅是通过观察现象去探测和研究心理活动的规律，他们既没有猜透别人内心世界的特异功能，也没有感受到别人内心的超能力。

真的能通过星座和血型看透一个人的心理吗

当心跌进"巴纳姆效应"的怪圈

　　星座和血型并不能准确揭示一个人的心理，之所以人们会产生星座和血型说得"很准"的感觉，是因为人们在不知不觉中已跌进了一个叫做"巴纳姆效应"的怪圈里。关于"巴纳姆效应"，我们会在后面的章节里讲述。

心理治疗就是"催眠术"吗

催眠疗法仅仅是心理治疗方法之一

　　催眠疗法是指通过言语暗示或催眠术使病人处于类似睡眠的状态，然后进行暗示或精神分析来治病的一种心理治疗方法。心理治疗有一百多种，针对不同的心理疾病患者有不同的疗法，催眠疗法只是百余种疗法中的一种。

心理学是在故弄玄虚吗

心理学是在故弄玄虚吗

　　有些人认为心理学能包治百病，而一旦事与愿违就开始产生怀疑。事实上，心理学是一门日益成熟的科学，研究心理学不是一朝一夕的事，需要长期坚持互动才能发挥作用。

学会解梦就是学会心理学了吗

学会解梦就是学会心理学了吗

　　梦是睡眠状态下的产物，虽然有时候通过梦境可以探测出我们的潜意识，但若认为研读心理学就是学解梦，就以偏概全了。因为严格意义上的心理学并未把梦当作主要的研究对象。

第二章

心理学的认知过程

注意和意识

为什么有些人会对看到的东西"视而不见"？一种可能是，他并没有注意到他所见的东西。心理学上认为，注意是有选择地加工某些刺激而忽视其他刺激的倾向。它是人的感觉和知觉同时对一定对象的选择指向和集中，具有指向性和集中性两个特点。

根据产生和保持注意时有无目的以及抑制努力程度的不同，注意可分为无意注意、有意注意和有意后注意。无意注意是指事先没有预定的目的，也不需做意志努力的注意；有意注意是指有预定目的，需要做一定努力的注意；有意后注意是指有自觉的目的，但不需要意志努力的注意。

注意还可分为持续性注意与分配性注意。持续性注意是指注意是在一定时间内保持在某个认识的客体或活动上，是衡量注意品质的重要指标；分配性注意是个体在同一时间对多种刺激进行注意并分配到不同的活动中，它是完成复杂工作任务的重要条件。

注意的品质包括：①注意的范围，即一瞬间意识能把握的事物的数量；②注意的稳定性，即注意能否较长时间地集中于某一事物上；③注意的转移，即注意能否根据需要较快地从一事物转移到另一事物上；④注意的分配，即能否同时把注意分配到两种或几种事物上。

意识是指人们在清醒、注意力集中的精神状态下对外界刺激的知觉体验及对行为的支配，是人脑对客观存在事物的反映，具有一定的能动作用。意识状态的变化与个体身体功能的周期性变化密切相关。

无意识状态是个体无法觉察的、自然而然的心理过程，我们常说的潜意识也是无意识的一种。常见的人的意识活动状态主要有睡眠与梦、白日梦与幻想、心理暗示和催眠状态等。

暗示是人或环境以非常自然的方式向个体发出信息，个体无意中接受了这种信息，从而作出相应反应的一种心理现象。

为什么会"视而不见"

我的手机呢?

桌子上没有

也不在包里

喏~在那儿!

唉,就是没注意脚下…

什么是"注意"

　　注意是有选择地加工某些刺激而忽视其他刺激的倾向。它是人的感觉和知觉同时对一定对象的选择指向和集中,具有指向性和集中性两个特点。

持续性注意与分配性注意

持续性注意

认真听讲

认真

干扰 干扰 干扰 干扰

分配性注意

左手画方 右手画圆

完成!~

持续性注意与分配性注意

　　持续性注意指注意在一定时间内保持在某个认识的客体或活动上，是衡量注意品质的重要指标；分配性注意是个体在同一时间对多种刺激进行注意并分配到不同的活动中，它是完成复杂工作任务的重要条件。

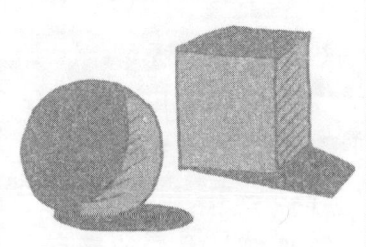

意识行为和无意识行为

我们回家要先经过这条路……

和平里南

然后拐进这条路……

先走这里，然后再拐进那条路……

和平里南

努力记忆

有意识

放学回家

无意识

意识和无意识

意识是指人们在清醒、注意力集中的精神状态下对外界刺激的知觉体验及对行为的支配，而无意识则是个体无法觉察的、自然而然的心理过程。

潜意识不等于无意识

潜意识——人内在的本我所具有的意识

潜意识反映了人的内在人格以及原始欲望，需要借助外在表现来反映；而无意识则是那些习惯性的或者偶然性的、没有通过意识指导的行为状态。一般认为，潜意识属于无意识的一部分。

几种不同的意识活动状态

梦

幻想

果然很准呢~

心理暗示

星座

催眠师

催眠

几种不同的意识活动状态

常见的人的意识活动状态主要有睡眠与梦、白日梦与幻想、心理暗示和催眠状态等。

梦从何处而来

外部感觉刺激

XXX路　曾经住过的地方

身体内部刺激

考试中！

过去记忆重现

心理活动继续

潜意识的反应

梦是怎么形成的

　　刺激是梦的重要成因。一般认为，梦的刺激主要来自外部感觉的刺激、身体内部的刺激、过去记忆的重现、白天心理活动的继续和潜意识的反应。

心理暗示的巨大能量

不可忽视的暗示力量

　　暗示是指人或环境以非常自然的方式向个体发出信息，个体无意中接受了这种信息，从而作出相应反应的一种心理现象。暗示分为自暗示和他人暗示，积极或消极的暗示对人的身心健康有着巨大的影响。

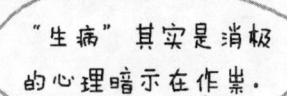

"生病"其实是消极的心理暗示在作祟。

今天脸色不太好……

一大早就觉得很累~~

阳光好刺眼啊！

没力气工作，我生病了……

进入我们的感觉世界

从心理学上说，感觉是事物直接作用于感觉器官时，对事物个别属性的反映。感觉是最简单的心理活动，包括我们每天都离不开的视觉、听觉、触觉、味觉和嗅觉，等等。

感觉可以分为外部感觉和内部感觉。外部感觉有视觉、听觉、嗅觉、味觉和肤觉五种，它们的感受器位于身体表面，或接近身体表面的地方；内部感觉主要是反映机体本身各部分运动或内部器官发生的变化，它们的感觉器位于各有关组织的深处（如肌肉）或内部器官的表面（如胃壁和呼吸道），如运动觉、平衡觉和机体觉等。

视觉是人类最重要的感觉之一，它是由光刺激作用到人眼，使其感受细胞兴奋，其信息是经视觉神经系统加工后所产生的。物体会发出不同波长的光线，而这些波长经过我们视觉神经系统的加工后，就成为我们所看到的颜色。研究表明，颜色也会对人的感觉和心理状态产生影响，如红色令人感觉热情奔放、蓝色令人感觉踏实清爽。

听觉是仅次于视觉的重要感觉通道，它是声波作用于听觉器官，使其感受细胞兴奋并引起听神经的冲动发放传入信息，经各级听觉中枢分析后引起的感觉，在人的生活中起着重要的作用。

除了视觉和听觉，人类还有多种其他感觉，如当刺激作用在皮肤上，会产生肤觉；作用于鼻腔上部黏膜中的嗅觉细胞时，会产生嗅觉；作用于舌面味蕾时，会产生味觉；作用于机体内部时，则会产生内部感觉，如动觉、平衡觉和内脏感觉等。

感觉适应是指刺激物持续作用于感受器而使其感受性发生变化的现象，如人们从黑暗的房间走到屋外，在阳光的刺激下，起初几秒钟会什么也看不清，但很快就能看到周围的环境。一般来说，嗅觉、肤觉、视觉、听觉和味觉在适应后感受性都会降低，而痛觉适应则较难。

我们是怎样感受世界的

视觉

听觉

毛茸茸的好可爱～

触觉

好苦啊……

味觉

嗯～烤鸡、蘑菇汤……

嗅觉

触摸世界的工具——感觉

　　从心理学上说，感觉是事物直接作用于感觉器官时，对事物个别属性的反映。感觉是最简单的心理活动，包括我们每天都离不开的视觉、听觉、触觉、味觉和嗅觉，等等。

五彩缤纷的世界从何而来

蔚蓝的天空

碧绿的青草

鲜红的玫瑰

洁白的雪花

人类最重要的感觉之一——视觉

　　视觉是由光刺激作用到人眼，使其感受细胞兴奋，其信息经视觉神经系统加工后所产生的。物体会发出不同波长的光线，而这些波长经过我们视觉神经系统的加工后，就成为我们所看到的颜色。

红色为何会给人热情的感觉

有趣的色彩心理效应

　　颜色也会对人的感觉和心理状态产生影响，如红色令人感觉热情奔放，蓝色令人感觉踏实清爽。巧妙运用色彩心理，可以为我们的生活增添一份情趣哦！

我们是如何感觉声音的

仅次于视觉的重要感觉通道
——听觉

听觉是声波作用于听觉器官，使其感受细胞兴奋并引起听神经的冲动发放传入信息，经各级听觉中枢分析后引起的感觉，它在人的生活中起着重要的作用。

多种多样的感觉是如何产生的

好冷啊……

好臭……

垃圾桶

痒死了……

失重的感觉真可怕……

人类的多种其他感觉

　　刺激作用在皮肤上，会产生肤觉；作用于鼻腔上部黏膜中的嗅觉细胞时，会产生嗅觉；作用于舌面味蕾时，会产生味觉；作用于机体内部时，则会产生内部感觉，如动觉、平衡觉和内脏感觉等。

游泳池的水感觉没有刚下水时那么冷了

好冷啊……

水真冷啊……

几分钟后……

嗯，好一些了……

一点不觉得冷了……

感觉适应

当我们游泳的时候，刚下水时会觉得水很冷，三四分钟后，就渐渐感觉不到水冷了。这种刺激物持续作用于感受器，从而使其感受性发生变化的现象，称为感觉适应。

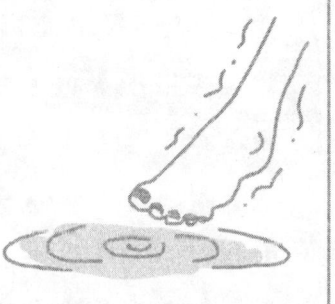

神奇的知觉和错觉

我们所处的环境中充满了光波和声波，但那并不是我们体验世界的方式。你看到的不是光波，而是墙上的海报；你听到的不是声波，而是广播中的音乐。感觉只是"演出"的开始，还需要更多的东西才能使刺激变得有意义和有趣，而最重要的是你能作出有效的反应。知觉就是人们将这些通过感官得到的外部世界的信息，经过头脑的加工后所产生的对事物的整体认知。

知觉不同于感觉、记忆和思维等心理过程。知觉是人在实践活动过程中逐步形成和发展起来的，它的形成离不开过去知识经验的参与，受到诸多心理特点的影响和制约。除此之外，语言也在知觉的形成和发展过程中起着重要的作用。

知觉以感觉为基础，但它不是个别感觉信息的简单总和，而是按一定方式来整合个别的感觉信息，形成一定的结构，并根据个体的经验来解释由感觉提供的信息，它比个别感觉的简单相加要复杂得多。

感觉是知觉过程中的重要组成部分，是知觉的前提和基础；知觉则是感觉的深入和发展。两者是人认识客观事物的初级阶段，是人的心理活动的基础。

知觉具有选择性、理解性、整体性、恒常性和知觉适应五个特点。选择性是我们在观察两歧图形时常常会在不同的两个图形知觉中来回转换；理解性是指我们对事物的知觉通常是和我们赋予它的意义联系在一起的；整体性是指我们对物体整体的认识通常要快于对局部的认识；恒常性是指我们对所知觉到的物体能够保持相当程度的稳定性；知觉适应是指在刺激输入变化的情况下，我们仍然能够调整知觉，使其返回原来的状态。

错觉是知觉的特殊形式。当感知条件不佳、客观刺激不清晰、视听觉功能减退、强烈情绪影响、想象、暗示以及意识障碍等都会产生错觉，常见的错觉有大小错觉、形状和方向错觉、形重错觉、时间错觉等。

知觉的一般概念

什么是知觉

　　人们通过感官获得了外部世界的信息，这些信息经过头脑的加工，产生了对事物整体的认识，这就是知觉。知觉包含了觉察、分辨和确认三种相互联系的作用。

为什么舞台的追光总是在演员的身上

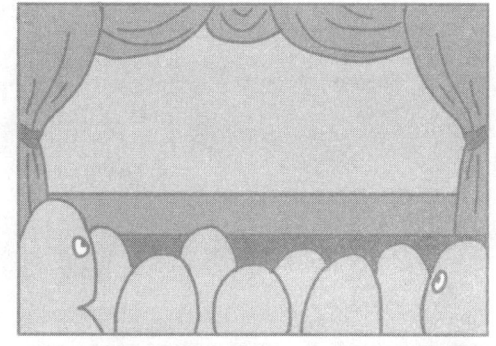

知觉的选择性

　　人在知觉客观世界时，总是有选择地把部分事物当成知觉的对象，而把其他事物当成知觉的背景，以便更清晰地感知一定的事物与对象。一般来说，人们习惯于将清晰的、自身感兴趣的事物当做知觉对象，其余的则成为知觉背景。

是B还是13呢

知觉的理解性

　　知觉具有理解性，人们在知觉过程中会根据自己的知识和经验，对感知到的事物进行加工处理，并用词语加以概括，赋予确定意义。不同经验和不同兴趣的人，对同一件事的理解结果可能会不一样。

是S还是H呢

知觉的整体性

　　客观事物是由不同部分、不同属性组成的，但我们总是把客观事物作为整体来感知，即把客观事物的个别特性综合为整体来反映，这就是知觉的整体性。

大门是什么形状的

知觉的恒常性

　　即使大门在慢慢张开的过程中已经不是我们所见的长方形，但在我们的知觉中它依然是长方形，这是因为知觉具有恒常性，即当知觉的客观条件在一定范围内改变时，我们的知觉在相当程度上依然保持着它的稳定性。

一斤棉花和一斤铁哪个更重

错觉——"说谎"的知觉

感知条件不佳、客观刺激不清晰、视听觉功能减退、强烈情绪影响、想象、暗示以及意识障碍等都会使我们产生歪曲的知觉，即错觉。常见的错觉有大小错觉、形状和方向错觉、形重错觉、时间错觉等。

不可思议的大脑记忆机制

记忆是大脑对外界输入信息进行编码、存储和提取的过程。记忆连接着人们心理活动的过去和现在，是人们学习、工作和生活的基本机能。根据心理倾向性和对记忆规律掌握的不同，人的记忆水平也就不同。

编码、储存和提取是记忆的三个基本过程。编码是个体对外界信息进行形式转换的过程，包括对外界信息进行反复的感知、思考、体验和操作；储存是把感知过的事物、体验过的情感、做过的动作、思考过的问题等，以一定的形式保持在人们的头脑中；提取是指从长时记忆中查找已有信息的过程。

记忆是一个结构性的信息加工系统，由感觉记忆、短时记忆和长时记忆三个子系统构成。

感觉记忆是记忆的最初阶段，大量的感觉信息在极短时间内会保存在此，之后会有少量信息因为受到注意而进入短时记忆，得到进一步加工。

短时记忆也称操作记忆、工作记忆或电话号码式记忆，是指信息一次呈现后，保持在1分钟以内的记忆。短时记忆中信息保持的时间一般在0.5～18秒钟之间，不超过1分钟。一般人的短时记忆的广度平均值为7±2个，与记忆材料的性质有关。短时记忆具有意识性。在短时记忆中，言语材料信息基本上以视觉形式进行编码，动作和空间形象信息基本上以视觉形式进行编码。

当短时记忆的内容经过复述、编码后，就会进入长时记忆。长时记忆是指永久性的信息存储，一般能保持多年甚至终身，构成了个体对外界和自身的全部知识经验。

德国心理学家艾宾浩斯研究发现，人们的遗忘是具有一定规律的：遗忘在学习之后立即开始，遗忘的过程最初进展得很快，以后逐渐缓慢。他认为，保持和遗忘是时间的函数，并根据其实验结果绘制成了描述遗忘进程的曲线，即著名的艾宾浩斯记忆遗忘曲线。

我们是怎么记住事物的

揭开记忆的面纱

所谓记忆，就是人们对经验的识记、保持和应用过程，是对信息的选择、编码、储存和提取的过程。

感受外界刺激

1+1=2

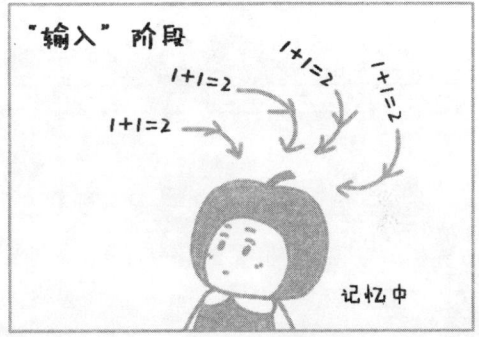

"输入"阶段

1+1=2
1+1=2
1+1=2
1+1=2

记忆中

"保持"阶段

1+1=2…
1+1=2…
1+1=2…

"输出"阶段

同样环境下为什么会有记忆之差

是什么造成了人的记忆力差别

　　同样一家店里，为什么一个人记住了手提包，一个人记住了鞋子？是什么造成了记忆的差别？心理学研究表明，记忆差别主要是由心理倾向性和对记忆规律的掌握不同造成的。

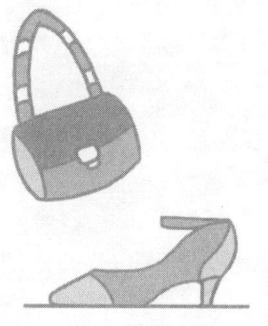

为什么有时看得清却记不住

感觉记忆

　　一切输入记忆系统的信息，首先必须通过感觉器官的活动产生感觉知觉。当引起感觉知觉的刺激物停止作用后，它的印象只能保留一瞬间的记忆，称为感觉记忆。

为什么打完电话就把刚才的号码忘了

短时记忆

　　当信息一次呈现后，保持在1分钟以内的记忆即为短时记忆。短时记忆中信息保持的时间一般在0.5～18秒钟之间，不超过1分钟。一般人的短时记忆的广度平均值为7±2个。

为什么有些事想忘却忘不掉

长时记忆

　　我们把那些在大脑中存储时间在1分钟以上的记忆叫作长时记忆。长时记忆的信息提取有信息再认和回忆两种形式。之所以有些事无论如何都忘不掉，是由于我们在意识或无意识里反复进行着回忆的心理过程。

遗忘是如何造成的

记忆痕迹得不到强化,因而逐渐减弱直至消退.

强化~

强化~

衰退说

遗忘是由在学习和回忆之间受到其他刺激的干扰所导致的.

干扰! 干扰!

干扰!

干扰! 干扰!

干扰说 干扰!

遗忘是由于情绪或动机的压抑作用引起的.

哎…

压抑说

储存在长时记忆中的信息是永远不会丢失的,"遗忘"只是信息提取失败.

提取失败

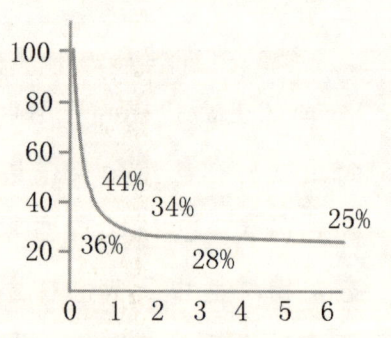

艾宾浩斯遗忘曲线

　　德国心理学家艾宾浩斯研究发现,人们的遗忘是具有一定规律的:遗忘在学习之后立即开始,遗忘的过程最初进展得很快,以后逐渐缓慢.

44%

34%

36% 28% 25%

0 1 2 3 4 5 6

天马行空的想象

　　人们的一种不可或缺的认知过程就是想象。普通心理学认为，想象是人在头脑里对已储存的表象进行加工改造，形成新形象的心理过程，它是一种特殊的思维形式，以形象性和新颖性为基本特点，具有预见、代替、补充知识经验和调节机体生理活动过程的作用。

　　想象是在感知的基础上，通过对已有表象进行改造，从而创造出新形象的心理过程，不仅可以创造出人们未曾知觉过的事物形象，还可以创造现实中不存在的或不可能有的形象。但无论哪种想象，都能够在现实生活中找到原型，就如同其他心理活动一样，具有其现实依据。

　　当人们在感知客观事物时，会在大脑皮层上留下许多暂时神经联系，而想象的发生过程则是对大脑皮层上已经形成的暂时神经联系进行新的结合，使其构成新的神经联系的过程。

　　根据想象活动是否具有目的性，可分为无意想象和有意想象。无意想象是一种没有预定目的、不自觉地产生的想象，是当人们意识减弱时，在某种刺激的作用下，不由自主地想象某些事物的过程。如人们在睡眠时产生的梦、精神病患者出现的幻觉等。有意想象是按一定目的、自觉进行的想象。如科学家提出的理论模型、文学艺术家头脑中构成的人物形象等。在有意想象中，按照想象内容的新颖程度和形成发生的不同，又可分为再造想象、创造想象和幻想。

　　再造想象是根据别人言语的描述或图样的示意，在头脑中形成相应的新形象的过程，它的形成需要充分的记忆表现为基础；创造想象是在创造活动中，根据一定的目的和人物，在人脑中独立创造出新形象的过程；幻想则指的是那些指向未来的、并与个人愿望相联系的想象，是创造想象的特殊形式，是人们借以寄托的东西。

　　幻想和理想都是想象，区别在于理想是依据客观规律作出的、有实现的可能，而幻想则不一定以客观规律为依据，因而也就不一定具有实现的可能。

身临其境的感觉是怎么来的

高级的认知过程——想象

　　想象是人们对头脑中已有的关于事物的形象进行加工改造，进而形成新形象的过程。想象活动具有形象性和新颖性两个基本特点。

想象是如何发生的

茫茫的大草原，湛蓝的天空…

想象的生理机制

　　人在感知客观事物时，在大脑皮层上会留下许多暂时神经联系，而想象则是对大脑皮层上已经形成的暂时神经联系进行新的结合，使其构成新的神经联系的过程。

有意想象和无意想象

根据想象活动是否具有目的性，可以把想象区分为有意想象和无意想象。有意想象是带有目的性、自觉性的想象；无意想象则是那些没有特定目的、不自觉的想象。

有目的的想象

无目的的想象

自觉的想象

勾股定律

非自觉的想象

不要！

不要！

不要！

出现幻觉！

再造想象和创造想象

再造想象

← 设计师

房屋构造

房屋构造

创造想象

新锐作家 →

OL～

再造想象和创造想象

再造想象是根据语言的描述或图样的示意，在脑中形成相应的新形象的过程；而创造想象则是在创造活动中，根据一定的目的，在大脑中独立创造出新形象的过程。

一字之差的幻想和理想

幻想和理想

　　幻想和理想都是人们对现实中不存在的事物作出的想象。那些依据事物发展的客观规律作出的、有实现可能的想象叫作理想，而那些不以客观规律为依据的、不一定能够实现的想象就是幻想。

出其不意的思维

思维是借助语言、表象或动作实现的、对客观事物的概括和间接的认识，是对输入的刺激进行更深层次的加工，是认识的高级形式。它能揭示事物的本质特征和内部联系，并主要表现在概念形成和问题解决的活动中。

思维是通过一系列比较复杂的认知操纵来实现的。人们在大脑中运用存储在长时记忆中的知识经验，对外界输入的信息进行分析、综合、比较、抽象和概括的过程，就是思维过程，也叫思维操作。其中分析和综合是思维的基本过程。

表象是事物不在面前时人们在头脑中出现的关于事物的形象，在思维特别是形象思维中具有重要作用，而想象则是更为高级的认知过程，与思维有着密切的联系。

人的思维过程具有间接性和概括性的重要特征。思维的间接性是指通过其他事物的媒介来认识客观事物，即借助于已有的知识经验，来理解或把握那些没有直接感知过的，或根本不可能感知到的事物，以及预见和推知事物发展的进程。如早晨起来，推开窗户，看见屋顶潮湿，便推想到"夜里下过雨了"。

思维的概括性就是把同一类事物的共同特征和本质特征抽取出来加以概括，不仅表现在它反映某一类客观事物共同的、本质的特征上，也表现在它反映了事物与事物之间的内在联系和规律上。一切科学的概念、定义、定理、规律、法则都是通过思维概括的结果，都是人对客观事物的概括的反映。

思维是极其抽象的心理过程，关于思维的分类多种多样。如按照思维过程中的凭借物或思维形态的不同，思维可以分为直观动作思维、形象思维和逻辑思维；按照思维依据的不同，思维又可分为经验思维和理论思维等。

语言是思维传达的最直接工具，通过语言，我们能够相互交流沟通，分享知识，进而创造出前所未有的事物。

如何烤出美味的蛋糕

什么是思维

　　思维是借助语言、表象或动作实现的，对客观事物的概括和间接的认识，是对输入的刺激进行更深层次的加工，是认知的高级形式。

思维是怎么产生的

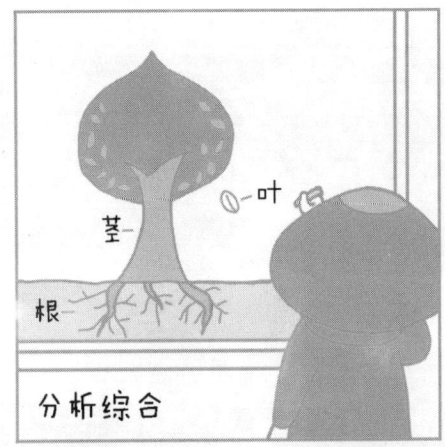

分析综合

比较

抽象和概括

思维的过程

　　人们在大脑中运用存储在长时记忆中的知识经验, 对外界输入的信息进行分析、综合、比较、抽象和概括的过程, 就是思维过程, 也叫思维操作。

思维的概括性和间接性

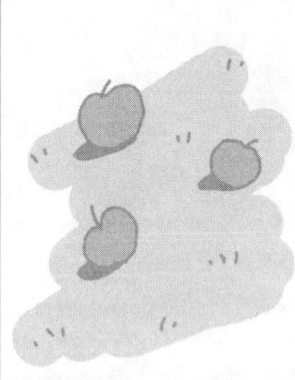

思维的概括性和间接性

　　思维具有概括性和间接性，可以令人们的认识活动摆脱具体事物的局限性，超越感知觉提供的信息，对事物进行深层次的了解和认知。

思维的种类

直观动作思维　形象思维　逻辑思维

经验思维　理论思维

直觉思维　分析思维

辐合思维　发散思维

常规思维　创新思维

思维的种类

思维是极其抽象的心理过程，关于思维的分类多种多样，通常是按照不同的角度来对思维进行不同层次的划分。

思维的武器——语言

语言是思维传达的最直接工具

　　我们的思维过程若要让他人知道，最直接的传达工具就是语言。语言是人类拥有的一种非常神奇的能力。通过语言，我们能够相互交流沟通，分享知识，进而创造出前所未有的事物。

第三章

情绪和行为控制心理学

情绪和情感

情绪和情感是十分复杂的心理现象。在日常生活中，人们对情绪与情感并不作严格的区别，但在心理学中，情绪与情感是既有区别又有联系的两个概念。

情绪通常是与生理需要相联系的体验，如由于危险情景引起的恐惧等，具有情境性、冲动性和短暂性。往往由某种情境引起，一旦发生，冲动性较强，不容易控制，外显成分比较突出，表现形式带有较多的原始动力特征。而情感则具有稳定性、深刻性和持久性，是对人对事情稳定的态度的体验，它始终处于意识的控制之下，且多以内隐的形式存在，或以微妙的方式流露出来。

总而言之，情绪主要指个体需要与情境相互作用的过程，具有较大的情景性、机动性和暂时性；而情感经常用来描述那些具有稳定的、深刻的社会意义的感情，具有较大的稳定性、深刻性和持久性。

情绪是我们每个人不可缺少的一种生活体验。心理学认为，情绪是个体感受并认识到受刺激事件后而产生的身心激动反应，是人对客观事物所持的态度的体验。

情绪由人的需要而定，当人的需要得到满足时，会产生愉快、喜悦等积极的情绪体验；反之，人的需要一旦无法得到满足，便会产生失望、愤怒等消极的情绪体验。

生理反应是情绪存在的必要条件。当某种情绪产生时，会引起我们体内的自主神经系统、分泌系统和躯体神经系统产生相应的生理反应，这种情绪引起的生理变化就叫作生理唤醒。

人的情绪状态会影响人的身心健康，积极的情绪状态能提高大脑及整个神经系统的活力，有益于身心健康；消极的情绪状态则会引起高级神经活动的机能失调，从而对机体的健康产生十分不利的影响。所以，当感觉有不良情绪侵袭时，可以适当采用一些积极的自我暗示，改变一下看问题的角度，找个朋友倾诉心中不快，或者干脆发泄出来，赶走那些不良的情绪。

喜怒哀乐是怎么一回事

高兴

愤怒

悲伤

恐惧

认识我们的情绪

　　情绪是我们每个人不可缺少的一种生活体验。心理学认为，情绪是个体感受并认识到受刺激事件后产生的身心激动反应，是人对客观事物所持的态度的体验。

情绪是需要是否满足的晴雨表

情绪由需要而定

情绪是由人的需要而定的，当人的需要得到满足时，会产生愉快、喜悦等积极的情绪体验；反之，人的需要一旦无法得到满足，便会产生失望、愤怒等消极的情绪体验。

为什么我们紧张恐惧时会心跳加速

生理反应是情绪存在的必要条件

　　当某种情绪产生时，会引起我们体内的自主神经系统、分泌系统和躯体神经系统产生相应的生理反应，这种情绪引起的生理变化就叫作生理唤醒。

情绪和情感有什么不一样

情绪大多是由一时需要和情境刺激引起的，冲动性较大。

冲动是魔鬼

情感则是存于内心深处的较为稳定持久的感情因子。

@*…¥…#
$…*%…

虽然你有时很调皮，但妈妈还是很爱你～

短暂的情绪和持久的情感

　　情绪主要指个体需要与情境相互作用的过程，具有较大的情景性、机动性和暂时性；而情感经常用来描述那些具有稳定的、深刻的社会意义的感情，具有较大的稳定性、深刻性和持久性。

情绪与身心健康

情绪状态会影响

人的身心健康

积极的情绪状态能提高大脑及整个神经系统的活力，有益于身心健康；消极的情绪状态则会引起高级神经活动的机能失调，从而对机体的健康产生十分不利的影响。

与消极情绪说"再见"

学会自我调节，
　　远离不良情绪

　　当感觉有不良情绪侵袭时，可以适当采用一些积极的自我暗示，改变一下看问题的角度，找个朋友倾诉心中不快，或者干脆发泄出来，赶走那些不良的情绪。

情绪的指南针——表情

情绪和情感是人的一种内部主观体验，但是这种内部体验又伴随着一些外部表现，这就是表情。表情就犹如情绪的指南针，我们可以通过观察他人的面部表情、姿态表情、语音表情来推知他的情绪体验。

面部是最有效的表情器官。面部表情是指通过眼部肌肉、颜面肌肉和嘴部肌肉的变化来表现各种情绪状态。不同的面部表情表达特定的情绪，如人在愉快的情绪下，通常表现为情不自禁的微笑，嘴唇朝外朝上扩展，眼部出现环形笑纹；恐惧时则表现为双眼发愣、脸色苍白、出汗发抖和毛发竖立等。

除了面部表情，身体姿态也是一种表情。身体表情是表达情绪的方式之一，人在不同的情绪状态下，身体姿态会发生不同的变化。如高兴时的"捧腹大笑"，恐惧时的"紧缩双肩"，紧张时的"坐立不安"，等等。

手势常常是表达情绪的一种重要形式，心理学家的研究表明，手势表情是通过学习得来的。此外，语音、语调、表情也是表达情绪的重要形式。如朗朗笑声表达了愉快的情绪，而呻吟则表达了痛苦的情绪。

言语是人们沟通思想的工具，语音的高低、强弱、抑扬顿挫等，也是表达说话者情绪的手段。如当播音员转播乒乓球的比赛实况时，他的声音尖锐、急促、声嘶力竭，表达出一种紧张而兴奋的情绪。

身体反馈也可以增强情绪和情感的体验。有时候，明明只是装作害怕，但恐惧感却真的来了，这是因为身体的反馈活动可以增强对情绪和情感的体验，从而使本来假的感情变成了真实的情绪。

表情构成了人类的非言语交往形式，心理学家和语言学家称之为"体态语"。在许多场合下，人们无须使用语言，只要看看脸色、手势和动作，听听语调，就能知道对方的意图和情绪。

真笑和假笑是能看出来的

发自内心的笑容更迷人

　　心理学家发现，当人们表达真正的微笑时，面颊会上升堆起眼周的肌肉；而当人们并非感觉愉快而仅仅为了表示礼貌，假笑时，就仅仅只有嘴部肌肉在活动，笑容看起来稍显僵硬。

身体姿势也是一种表情

哈哈哈哈哈哈哈哈！！

高兴

急躁

紧张

恐惧

身体也会"说话"

　　身体表情是表达情绪的方式之一，人在不同的情绪状态下，身体姿态会发生不同的变化。如高兴时的"捧腹大笑"、紧张时的"坐立不安"等都是身体表情哦！

为什么有时一个手势就可以代替语言

支持

数学
100

兴奋

无可奈何

鼓励

愤怒

手势是姿态表情的重要部分

　　手势是表达情绪的一种重要形式，和身体姿势共同构成了人的姿态表情。心理学家的研究表明，手势表情是通过学习得来的。它不仅有个体差异，还会存在团体差异。

为什么播音员在解说赛事的时候声音总是尖锐而急促

8号队员带球突围

已经到了对方禁区

越过两名后卫~ 起脚射门~

球进了！！

手势是姿态表情的重要部分

除了面部表情、姿态表情以外，语音、语调表情也是表达情绪的重要形式。言语是人们沟通思想的工具，同时，语音的高低、强弱和抑扬顿挫等，也是表达说话者情绪的手段。

身体反馈可以增强情绪和情感的体验

身体反馈也可以增强情绪和情感的体验

　　有的时候，明明只是装作害怕但恐惧感却真的来了，这是因为，身体的反馈活动可以增强对情绪和情感的体验，从而使本来假的感情变成了真实情绪。

动机和需要

　　动机是构成人类大部分行为的基础，是由一种目标或对象所引导、激发和维持的个体活动的内在心理过程或内部动力。动机是藏于内部的心理活动，对人的行为活动具有一定的激活、指向、维持和调整的功能。

　　过高或过低的动机会对行动产生阻碍。心理学研究表明，一般情况下，动机强度与工作效率之间呈一种倒U形曲线关系，动机的最佳水平随任务性质的不同而不同。在比较容易的任务中，工作效率会随动机的提高而上升，而在难度较大的任务中，较低的动机水平则比较有利于任务的完成。

　　根据动机的性质，人的动机可以分为生理性动机与社会性动机。生理性动机来自于有机体自身的生物需要，如饥饿、渴、性和睡眠；而社会性动机则来自于人的社会文化需要，如兴趣、成就动机、权力动机和交往动机。

　　根据学习在动机形成和发展中的作用，动机可以分为原始动机和习得动机。原始动机是那些与生俱来的动机，如饥、渴等；习得动机指的是后天经过学习而产生发展起来的动机，如交往动机。

　　根据动机的意识水平，动机分为有意识动机和无意识动机。婴儿的大多数动机都是无意识的，而成人身上也同时具备着有意识的动机和那些无意识或没有清楚意识的动机。

　　根据动机的来源，动机又可以分为外在动机和内在动机。外在动机指的是人在外界的要求与外力的作用下所产生的行为动机，内在动机指的是由个体内在需要引起的动机。

　　需要是动机产生的基础，当需要达到一定程度、并在一定的客观条件下，便会产生动机。需要指的是有机体内部的一种不平衡的状态。心理学家马斯洛认为，人的需要有以下五种：生理的需要、安全的需要、归属和爱的需要、尊重的需要以及自我实现的需要。这五种需要是逐级递增的，在高级需要出现之前，必须先满足低级需要。

想买花，就先夸夸花香

深藏不露的"动机"

　　动机是由一种目标或对象所引导、激发和维持的个体活动的内在心理过程或内部动力。动机是藏于内部的心理活动，可以激活、维持和调整行动，对行动具有一定的指向功能。

生理性动机与社会性动机

汉堡、薯条、可乐……

饿……

生理性动机

好想要一张床舒舒
服服地睡一觉……

困……

生理性动机

一定要写出一
部好的作品……

新生代作家→

社会性动机

必须要积累更广
更深的人脉资源……

社会性动机

生理性动机和社会性动机

　　根据动机的性质，人的动机可以
分为生理性动机与社会性动机。生理
性动机来自于有机体自身的生物需要，
而社会性动机则来自于人的社会文化
需要。

永不停歇的需要

引发动机的源泉——需要

　　需要是有机体内部的一种不平衡的状态，当人们产生某种需要时，心理上就会产生不安与紧张情绪，成为一种内在的驱动力，驱使人选择目标，进行实现目标的活动以求需要得到满足。

饥肠辘辘的人只需要面包

马斯洛的层次需要理论

心理学家马斯洛提出，人的需要是由生理的需要、安全的需要、归属和爱的需要、尊重的需要和自我实现的需要，并依次由下往上递进发展的，只有当下层需要满足后，人们才会产生更高一级的需要。

为何一心想考好成绩的考生却发挥失常

一定要考个好成绩！

一定要考个好成绩！！

一定要考个好成绩！！！

紧张得睡不着

困，紧张……一片空白……

考场上

过高或过低的动机会对行动产生阻碍

    心理学研究表明，一般情况下，动机强度与工作效率之间的关系不是一种线性关系，而是倒U形曲线关系，只有中等强度的动机是最有利于任务的完成。

第四章

个·性·心·理·学——人格差异

个性倾向的玄机

人的表现之所以有千差万别，是因为每个人的内在人格都是独特的。这种人格差异被称为人的个性。心理学认为，个性是指在一定的社会历史条件下，具体个人所具有的意识倾向性，以及经常出现的、较稳定的心理特征的总和。

人的个性结构主要包括个性的倾向性和个性的心理特征（性格、气质和能力等）两个方面。其中，个性倾向性是推动人进行活动的动力系统，是个性结构中最活跃的因素，它决定着人对周围世界的认识、态度的选择和趋向。体现的是人对社会环境的态度和行为的积极特征，包括需要、动机、兴趣、理想、信念和价值观六个部分。

作为个性倾向性的人的需要系统是一个相对稳定平衡的动力系统，它是在各种需要相互制约中有规律地消长的。

人的需要一旦被意识到，并驱使其行动时，就会以活动动机的形式表现出来。人的动机体系是在后天实践中形成、发展起来的，在某一个时期具有相对的稳定性。

兴趣是人积极探究某种事物的认识倾向，它除了和认识、情绪、意志有密切的联系之外，还对能力的形成和发展有着重大的影响。能力往往在兴趣的基础上发展起来。

理想是人生奋斗的目标，是人们对未来的向往和追求。理想有正确和错误之分。正确的理想是符合社会发展规律的革命理想，错误的理想是违背社会发展规律的所谓"有钱就图"、"有利就想"等。

信念是坚信某种观点的正确性，并支配行动的个性倾向性。确立以后，就会给主体的心理活动以深远的影响，它决定着一个人行动的原则性和坚韧性。

价值观是社会成员用来评价行为、事物以及从各种可能的目标中选择自己合意目标的准则。价值观通过人们的行为取向及对事物的评价、态度反映出来，是世界观的核心，是驱使人们行为的内部动力，具有相对的稳定性和持久性。

个性倾向——心理活动的动力系统

需要

动机

兴趣

理想

信念

世界观

个性倾向
——个体心理结构中最活跃的因素
个性倾向性是人进行活动的基本动力，它表现在对认识和活动对象的趋向和选择性上。主要包括需要、动机、兴趣、理想、信念和世界观等。

千差万别的性格

人与人之间的差异首先表现在性格上。性格是指一个人在个体生活过程中所形成的、对现实的态度以及相应的行为方式方面的较为稳定的个性心理特征。

性格就是由各种特征所组成的有机统一体。每一个人对现实稳固的态度有着特定的体系，其行为的表现方式也有着特有的样式。这种稳固的、定型化了的态度体系和行为样式就是每个人的性格。

人的性格具有一定的稳定性，一旦形成之后，是较难改变的。但是，随着社会生活条件的明显变化，在某种程度上性格也会发生相应的变化。所以，性格又具有可塑性。

性格有多种多样，一个人在不同时期可能呈现不同的性格特征。心理学家们以不同的标准和原则，对性格类型进行了以下分类：

（1）从心理机能上划分，分为理智型、情绪型和意志型。

（2）从心理活动倾向性上划分，分为内倾型和外倾型。

（3）从个体独立性上划分，分为独立型和顺从型。

（4）从文化生活的形式上划分，分为理论型、经济型、权力型、社会型、审美型和宗教型。

此外，心理学家海伦·帕玛根据人们不同的核心价值观和注意力焦点及行为习惯的不同，把人的性格分为九种，称为九型性格。包括1号完美型、2号助人型、3号成就型、4号艺术型、5号理智型、6号疑惑型、7号活跃型、8号领袖型和9号和平型。

性格对人的心理健康有非常明显的影响，性格缺陷是造成心理障碍或精神失常的一个重要因素。研究资料表明，各种精神疾病，特别是神经官能症往往都有相应的特殊性格特征为其发病基础。如具有强迫性性格的人容易患上强迫性神经症，而孤僻离群、多疑敏感、情感内向、胆小怯懦、较爱幻想的人可能易患上精神分裂症。

性格是怎么一回事

何为性格

　　性格是指一个人在个体生活过程中所形成的、对现实稳固的态度以及与之相应的行为方式方面的较为稳定的个性心理特征。人的性格千差万别，一旦形成便很难改变。

常见的性格类型学说

极其复杂的性格类型学说

　　性格的类型是指在一类人身上所共有的性格特征的独特结合，曾有许多心理学家试图对性格进行类型分类，但是由于研究对象本身的复杂性，至今还没有一个公认的学说。

忧郁为什么可能成疾

为什么有那么多不快乐的事情?

什么时候才能好起来呢?

人生真的很不公平……

最近连身体都开始觉得不舒服了……

性格与人的身心健康有着密切的关系

如果一个人的性格是健康的,那么他的人生也会是快乐的、幸福的;如果一个人的性格是病态的,那么他的人生也会是痛苦的、忧伤的。

与生俱来的气质

我们常说的气质，指的是在情绪反应、活动水平、注意和情绪控制方面所表现出来的稳定的质与量方面的个体差异，即平常我们所说的脾气和秉性，是人的天性。

古希腊医生希波里特认为，人的体内有四种体液：血液、黏液、黄胆汁和黑胆汁。根据人体内的这四种体液的不同配合比例，希波里特将人的气质划分为四种类型：多血质（体液中血液占优势）、黏液质（体液中黏液占优势）、胆汁质（体液中黄胆汁占优势）和抑郁质（体液中黑胆汁占优势）。

多血质的人灵活性高，易于适应环境变化，善于交际，精力充沛且效率高；对什么都感兴趣，但情感兴趣易于变化；有些投机取巧，易骄傲，受不了一成不变的生活。

黏液质的人反应比较缓慢，坚持而稳健地辛勤工作；动作缓慢而沉着，能克制冲动，严格恪守既定的工作制度和生活秩序；情绪不易激动，也不易流露感情；自制力强，固定性有余而灵活性不足。

胆汁质的人情绪易激动，反应迅速，行动敏捷，暴躁而有力；性急，有一种强烈并迅速燃烧的热情，不能自制；在克服困难上有坚忍不拔的劲头，但不善于考虑能否做到，工作有明显的周期性，能以极大的热情投身于事业，但也容易失去信心，情绪瞬时转为沮丧而一事无成。

抑郁质的人具有高度的情绪易感性，主观上把很弱的刺激会当作强作用来感受，常为微不足道的原因动感情，且有力持久；行动表现上迟缓，有些孤僻；遇到困难时优柔寡断，面临危险时极度恐惧。

气质本身并没有好坏之分，任何一种气质类型都有其积极的一面和消极的一面。例如，多血质的人灵活、亲切，但是轻浮、情绪多变；黏液质的人沉着、冷静、坚毅，但是缺乏活力、冷淡；胆汁质的人积极、生气勃勃，但是暴躁、任性、感情用事；而抑郁质的人则情感深刻稳定，但是孤僻、羞怯。

体液配合不同决定人的气质不同

血液占优 →
精明

多血质

黏液占优 →
稳健

黏液质

黄胆汁占优 →
急躁

胆汁质

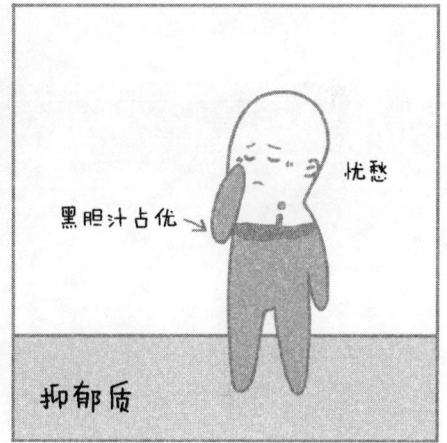

黑胆汁占优 →
忧愁

抑郁质

体液配合比例不同决定人的气质不同

　　古希腊著名医生希波里特认为，人体内有血液、黏液、黄胆汁和黑胆汁四种体液，这四种体液在人体内的配合比例不同决定了人的气质也有所不同。

多动灵活的多血质

多动灵活的多血质

　　多血质的人灵活性高，易适应环境变化，善于交际，在工作、学习中精力充沛而且效率高；兴趣多变，易骄傲，受不了一成不变的生活。

沉着稳健的黏液质

沉着稳健的黏液质

　　黏液质的人稳健扎实，很少冲动，秩序性和原则性强，情绪内敛不易激动，自制力强，灵活性稍差。

敏捷冲动的胆汁质

敏捷冲动的胆汁质

　　胆汁质的人较为热情，反应迅速，行动敏捷，难以自制；情绪变化极快，很可能前一秒钟还热情十足，后一秒钟便一蹶不振。

敏感多情的抑郁质

敏感多情的抑郁质

　　抑郁质的人通常较为敏感，情绪波动大，行动上稍显迟缓，有些孤僻；遇到困难时总是优柔寡断，面临危险时会感到极度恐惧。

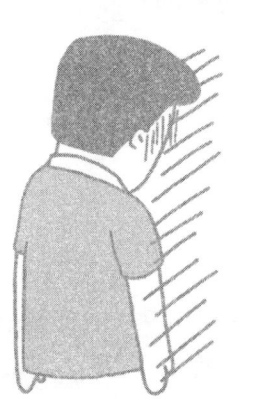

独特的人格特点

为什么我们常说"江山易改、本性难移"呢？每个人都有着独一无二的"本性"，而"本性"指的就是人格。"人格"这个词汇在我们日常生活中经常出现，如评价一个人"人格高尚"等。不同描述中的"人格"含义也不尽相同。那么，心理学上的"人格"究竟是什么呢？

心理学认为，人格是指一个人与社会环境相互作用表现出的一种独特的行为模式、思维模式和情绪反应的特征，也是一个人区别于他人的特征之一，具有独特性、稳定性、统合性和功能性的特点。

人格的形成是先天的遗传因素和后天的环境、教育因素相互作用的结果，心理学家们认为，影响人格特征的主要因素有遗传、气质、生理特征及家庭环境等。其中，遗传是人格不可缺少的影响因素。通常在智力、气质这些与生物因素相关较大的特质上，遗传因素的作用较为重要；而在价值观、信念、性格等与社会因素关系密切的特质上，后天环境的作用可能更重要。

人格研究的是个体的心理差异，是一种异常复杂的心理结构。关于人格的理论主要分为人格特质论和人格类型论。人格特质理论起源于20世纪40年代的美国，主要代表人物是美国医学心理学家奥尔波特和卡特尔。人格特质理论认为，特质是决定个体行为的基本特性，是人格的有效组成元素，也是测评人格常用的基本单位。人格类型理论是20世纪30年代至40年代在德国产生的一种人格理论，主要用来描述一类人与另一类人的心理差异，即人格类型的差异。人格类型理论有三种：单一类型理论、对立类型理论和多元类型理论，代表人物有美国心理学家佛兰克法利和瑞士心理学家荣格。

西方心理学家对人格心理学的研究，由于各自观点及研究方法上的不同，先后出现了几十种人格理论，其中较具代表性的有卡特尔的人格特质理论、荣格的人格结构理论和弗洛伊德的三我人格理论。

难以更改的人格

江山易改，本性难移

人格类似于我们平时所说的个性，是一个人与社会环境相互作用表现出的一种独特的行为模式、思维模式和情绪反应的特征。具有很高的稳定性，一旦形成就很难发生大的改变。

人格是天生的吗——探究人格成因

与生物因素关联较大的特质大多来自父母的遗传。

生物遗传

不同气质的人有不同的人格特质。

先天气质

人体荷尔蒙和外形特征也会对人格产生印象。

生理因素

后天的环境因素影响主要来自家庭环境哦!

家庭环境

人格是先天与后天共同作用的产物

　人格的形成是先天的遗传因素和后天的环境、教育因素相互作用的结果,影响人格特征的主要因素有遗传、气质、生理特征及家庭环境。

关于人格的重要理论

人格特质论和人格类型论

　　人格的结构复杂，人格理论从不同的角度描述了人格的结构，其中最具代表性的是人格特质论和人格类型论。

卡特尔的16种人格特质模型

人格由16种特质因素构成，这些因素在表现程度上的差别会引起人格上的差异。

值得信赖的好伙伴……

低怀疑性

工作让人倍感精神……

高兴奋性

没人帮助，如何完成……

低独立性

为什么总有那么多烦心事……

高忧虑性

卡特尔的16种人格因素测量

以乐群性、聪慧性、稳定性、恃强性、兴奋性、有恒性、敢为性、敏感性、怀疑性、幻想性、世故性、忧虑性、激进性、独立性、自律性、紧张性16个相对独立的人格对人进行量化分析。

荣格的人格结构理论

人格可分为8种类型

	内向	外向
思维	内向思维型	外向思维型
感情	内向感情型	外向感情型
感觉	内向感觉型	外向感觉型
直觉	内向直觉型	外向直觉型

做事绝不能感情用事……

外向思维型

只有幻想未来时才会感到生活美好……

外向直觉性

荣格的8种人格类型理论

　　心理学大师荣格将人分为内向型和外向型，再以思维、感情、感觉和直觉四种心理活动分类，就构成了8种不同的人格类型。

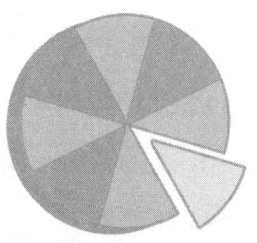

弗洛伊德的三我人格结构论

正常与非正常情况下的三我结构

　　弗洛伊德认为，正常情况下人体中的三种结构是处于相对平衡的状态。一旦这种平衡被破坏，人就会表现出某些精神问题。

认识我们的能力

能力是一种心理特征，是顺利实现某种活动的心理条件。例如，画家的色彩鉴别力、形象记忆力就是能力，是保证其顺利完成绘画活动的心理条件。

人们要完成某种活动，往往依靠的不是一种能力，而是多种能力的结合，这种结合在一起的能力就叫作才能。例如，教师要具有敏锐的观察力、流畅的语言表达力、严谨的逻辑思维能力和组织管理能力；音乐家要同时具有好的记忆力、想象力、表现力和节奏感等。天才是能力的独特结合，往往结合着多种高度发展的能力。

有些人认为，知识和技能就是能力，其实不然。知识是人脑对客观事物的主观表征，而技能是指人们通过练习而获得的动作方式和动作系统，是一种个体经验，表现为动作执行的经验。知识和技能是能力的基础，只有那些能够被广泛迁移和应用的知识和技能，才能转化为能力。

智力也不等于能力。智力是人在认知过程中形成的一种比较稳定的心理特征，属于能力的一种。智力的高低可以体现出一个人在现实生活中的生存能力和心理调控水平，对成功有重大作用。但能力除了包含智力因素外，也包含动机、兴趣、情感、意志和性格等非智力因素。而且从某种意义上来说，非智力因素对能力起着决定作用。

能力的形成与发展受遗传、环境、教育、实践活动和主观能力的影响，每个人的能力都是随着自己的成长不断地发展的。受上述因素的影响，能力存在着个体差异。主要表现为发展水平的差异、表现早晚的差异、能力结构的差异和不同性别的差异。

能力作为一种心理特性，无法进行直接度量。但一个人的能力水平又能通过其成功解决各种问题的活动表现出来，这就为间接地测量人的能力提供了客观的可能性。如今，能力的测量主要借助于一些按照标准化程序所编制的各种能力测验，目的在于将能力用数量化的方法精确地表示出来。

能力、才能和天才

记忆力

记忆力+语言表达力

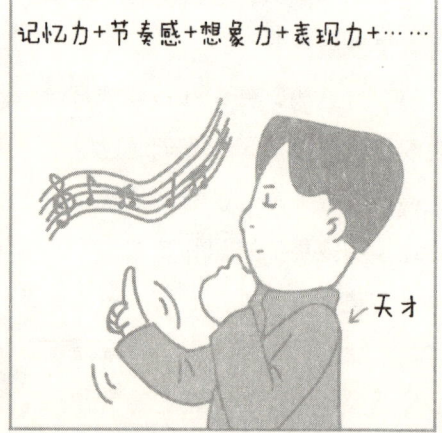

记忆力+节奏感+想象力+表现力+……

天才

能力、才能和天才

　　从心理学上讲，能力是指直接影响活动的效率、使活动顺利完成的个性心理特征；才能是指结合在一起的能力；而天才则是能力的高度发展和独特结合。

能力　才能

知识和技能就是能力吗

知识和技能是能力的基础

　　大脑中储存的知识和技能只有被广泛地应用和迁移，才能形成能力；同样，能力的高低也会影响知识和技能的储存水平。

能力会受到哪些因素影响

遗传

环境

教育

实践

遗传+环境+教育+实践=能力

　　生理上的遗传、环境和教育以及实践活动共同决定了能力的形成和发展，而能力的深度发展和提高则离不开人的主观能动性。

每个人的能力各有不同

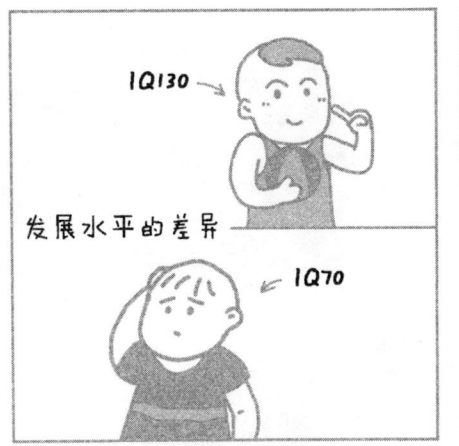

IQ130

发展水平的差异

IQ70

天才儿童

发展水平的差异

大器晚成

音乐家

能力结构的差异

画家

男性
善计算、空间想象…

不同性别的差异

女性
善写作、语言表达……

能力的个体差异

　　受遗传和环境的影响，能力存在着个体的差异。主要表现为发展水平的差异、表现早晚的差异、能力结构的差异和不同性别的差异。

智力测验

对一般能力的测试——智力测验

　　智力测验是对一般能力的测量方式，常用的测量工具有斯坦福-比奈智力量表、韦克斯勒成人智力量表和儿童智力量表等。

特殊能力测验

对特殊能力的测试——特殊能力测验

　　特殊能力测验主要用来测量人的特殊能力，针对性更强，因而常用于人的职业定向指导．人员配备安置及发现并培养具有特殊能力的儿童等。

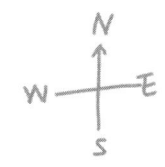

第五章

人在社会中的心理学

跟风随大流——从众心理

一般说来，群体成员的行为，通常具有跟从群体的倾向。当他发现自己的行为和意见与群体不一致，或与群体中大多数人有分歧时，会感受到一种压力，促使他趋向于与群体一致。心理学上称这种现象为从众心理。

"从众"是一种比较普遍的社会心理和行为现象。通俗地解释就是"人云亦云"或"随大流"；大家都这么认为，我也就这么认为；大家都这么做，我也就跟着这么做。

从众心理在我们生活中比比皆是。如大街上有两个人在吵架，本来不是什么大事，结果围观的人越来越多，最后连交通也堵塞了，后面的人便纷纷停下脚步抬头向人群里观望……

从众心理对人的影响确实很大。产生从众心理的原因，是多方面的。在群体中，由于个体不愿标新立异、与众不同，从而感到孤立，而当他的行为、态度与意见同别人一致时，却会有"没有错"的安全感。从众源于一种群体对自己的无形压力，迫使一些成员违心地产生与自己意愿相反的行为。

不同类型的人，从众行为的程度也不一样。一般来说，女性从众多于男性，性格内向、自卑感的人多于外向、自信的人，文化程度低的人多于文化程度高的人，年龄小的人多于年龄大的人，社会阅历浅的人多于社会阅历丰富的人。

从众心理表现在方方面面，工作中、生活中、学习中都有所表现。生活中有不少具有从众行为的人，还有一些专门利用人们从众心理来达到某种目的的人。例如某些商业广告就是利用人们的从众心理，把自己的商品炒热，从而达到目的。

从众心理既有积极的一面也有消极的一面。积极的从众心理可以互相激励情绪，作出勇敢之举；而消极的从众心理则很容易给自己、给他人，甚至会对整个社会秩序造成干扰。

大家为什么都买一样的鱼丸

听说××牌的鱼丸很新鲜

今天似乎不需要鱼丸……

很多人都在买××牌的鱼丸

可是大家都在买……

为什么最后还是多买了鱼丸

那就也去买一点吧……

　　当很多人纷纷赞同一种行为或是出现同一行为时，我们也往往会倾向于作出和众人一致的行为，这就是心理学上所讲的"从众效应"。

从众心理的利与弊

积极从众

献血光荣!

消极从众

反正大家都在闯红灯……

积极的从众心理和消极的从众心理

　　积极的从众效应可以互相激励情绪，作出勇敢之举；而消极的从众效应则很容易给自己、给他人，甚至会对整个社会秩序造成干扰。

看见人多就来劲——社会助长

心理学家特里普利特于1897年进行了一项实验：他让被试者在三种情况下，骑自行车完成25英里路程。第一种是单独骑自行车，第二种是单独骑自行车但是有人跑步陪同，第三种是与其他骑车人同时骑行。结果表明，单独进行的情境下，被试者的平均时速是24英里；有人跑步陪同时，被试者的平均时速为31英里；而与其他骑车人同时骑行时，平均时速为32.5英里。后来，特里普利特在实验条件下，要求儿童绕钓鱼线，绕得越快越好。结果发现，大家一起绕的速度比单独绕的速度更快。

后来，更多的心理学家也观察到了这种现象的存在。于是，心理学家就把这种个体完成某种活动时，由于他人在场或与他人一起活动而造成行为效率提高的现象叫作社会助长，也称社会促进。

之所以会出现社会助长现象，是因为人是有惰性的。当单独一个人时，就无所谓输赢、好坏，没有人看见，没有人和你比较，你就觉得怎样都可以。当出现第二个、第三个人，甚至更多人，你的感觉就大不相同，会感到有人在看着你，便情不自禁地想要在他人面前表现，于是就会在不知不觉中鼓足干劲，把事情做得又快又好。

社会助长包括结伴效应和观众效应两种。结伴效应指的是，在结伴活动中，个体会感到某种社会比较的压力，从而提高工作或活动效率；观众效应是指，当个体从事活动时，是否有观众在场，观众多少及观众的表现对其活动效率有明显的影响。

并不是任何人都容易受到社会助长心理影响的。通常来说，那些从事简单熟悉、轻而易举就能完成工作任务的人，以及具备高成就动机的人群较为容易受到社会助长心理的影响。

为什么观众越多演员越起劲

哎……没多少人，不想唱歌了……

下面看我的了！～

看的人越多，你做得就越起劲

　　一个人的时候往往容易偷懒懈怠，一旦关注你行为的人开始多了，驱动你行为的内在动机就越发强烈，因而往往行动就更具有效率。这种现象在心理学上被称为"社会助长现象"。

哪些人更容易感受到社会助长

从事简单工作和高成就动机的人易受社会助长的影响

　　通常来说，当人们从事简单、熟悉的工作时，会由于旁人的关注而提高工作效率；另外，高成就动机的人群也更易受到社会助长的影响。

人多也会造成困扰——社会干扰

有时，身边若有别人在场，会使我们工作效率下降。这种现象叫作"社会干扰"。

心理学家皮森在1933年的实验中对社会干扰进行了证明。他发现，有一个旁观者在场，会减低被试者有关记忆工作的效率。心理学家达施尔也提出，有观众在场时，被试者即使是做简单的乘法，通常也会出现差错。

有旁人在场时，为什么有时会产生社会助长现象，有时又会产生社会干扰现象呢？这主要与下列几个因素的影响有关：

一是与活动的性质有关。活动的性质，如果是简单易做的，不需要紧张思维的，那么就易产生社会助长现象；反之，如果是复杂的，需要高度集中注意力，要深入思考的工作，就容易产生社会干扰现象。这由上述实验可证实。

二是与活动的情境有关。活动中如有重要人物在场、熟悉人物在场，就可能产生社会助长或干扰现象。其一，是为了保护自尊心，希望有良好的表现给他们看；其二，激发了活动的动机，如果过高，则会产生社会干扰现象，如果适中，就会产生社会助长效应。

三是与活动结果的评价有关。一项活动如果事后要进行评价并与奖惩紧密结合，就十分容易产生社会助长或干扰现象。竞赛过强，往往易于产生干扰现象，竞赛适中，则容易产生助长现象。这主要是因为社会助长现象的实质是别人在场会使个人感到轻松，有利于个人的活动；而社会干扰现象的实质是由于别人在场会使个人感到拘束，从而使活动受到抑制和干扰。可见，一个人对活动结果评价的意识直接会影响到社会助长或干扰的产生。

四是与一个人的个人特质有关。有的人喜好安静，不合群，人多时会显得紧张局促，易出现社会干扰；有的人不怕生，俗称"人来疯"，人多时会更善于表现自己，就会出现社会助长。

为什么考试时都怕老师站在旁边

考试中……

← 监考老师

老师在看呢~冷静，冷静……
额~~还是害怕……sss

← 监考老师

为什么考试时都不希望老师在旁边

　　当思维高度集中时，人们对突如其来的外界事物和人会更加敏感，情绪也容易受其影响产生波动。人在社会群体中出现的这种现象就被称为"社会干扰现象"。

无辜的老师
↙

哪些人更容易感受到社会干扰

从事复杂工作和容易紧张的人易受社会干扰的影响

通常来说，当人们从事复杂、陌生的工作时，反而会由于旁人的关注从而降低工作效率；另外，容易紧张的人更易受到社会干扰的影响。

事不关己，高高挂起——旁观者效应

在紧急事件中，由于有他人在场而对救助行为产生抑制。旁观者人数越多，抑制程度越高。这种现象产生的原因主要是由于众人在场，社会责任被分散；个人不能确定该怎么做，想看看在场其他人怎么做，而其他人也有类似想法，等等。

个体对于紧急事态的反应，在单个人时与同其他人在一起时是不同的。社会心理学家将由于他人在场，个体会出现抑制利他行为的现象叫作旁观者效应。旁观者效应也被称为责任分散效应，其实质就是人多不负责，责任不落实。

心理学家认为，旁观者效应的产生是由"社会影响"及"责任分散"引发的。社会影响是指一个人在不能获得确切情况以便作出干预紧急事件的决定时，他就会去观察别人的行动，看其他人会作出什么反应。不幸的是，那些旁观者很可能也在观察别人的反应，于是很快就发展成一种"集体性的坐视不管"的局面。

此外，他人在场还会导致一种责任分担。反正这个责任并不是由我个人承担的，周围还有那么多人，肯定会有人出手相助。

心理学家认为，由于还有其他的旁观者，个体就把帮助受难者的责任推到了别人的身上。于是，每个人都这么想，结果大家都成了旁观者。如果现场只有一个人时，他往往会觉得责无旁贷，会迅速地作出反应，帮助受难者。如果他见死不救会产生负罪感和内疚感，这需要付出很大的心理代价。若有许多人在场，帮助求助者的责任就会由大家分担，造成责任分散。每个人分担的责任很少，旁观者甚至连他自己的那一份责任也意识不到，就容易造成"集体冷漠"的局面。

谁去搭救落水者

社会群体容易造成个体责任分散

当人们在集体中和他人共同承担一件事时，总会产生"这件事不是我一个人的责任"的想法，因此会出现"集体冷漠"的现象，也称"旁观者效应"。

旁观者效应何时会出现

什么情况下会出现旁观者效应

　　旁观者效应也被称为责任分散效应。通常在人多的情况下，人们就容易把责任推给别人，而把自己当成一个"事不关己"的看客。

三个和尚没水吃——社会懈怠效应

有一种观点认为，一个具有共同利益的群体，一定会为实现这个共同利益而采取集体行动。但心理学家却发现，现实往往并非如此。在这样的集体中，许多合乎集体利益的集体行动并没有发生，相反，倒有许多自发的自利行为出现，导致了对集体不利、甚至非常有害的结果。这种因为他人在场个体的行为能力或水平有所下降的现象被心理学家称为社会懈怠效应。

心理学家拉塔奈认为，出现社会懈怠的原因有以下三个：

（1）社会评价的作用。在群体情况下，个体的工作是不记名的，他们所做的努力是不被测量的，因为这时测量的结果是整个群体的工作成绩。所以，个体在这种情况下就可以不对自己行为负责，因而他的被评价意识就必然减弱，导致为工作付出的努力就会减少。

（2）社会认知的作用。在群体中的个体，也许会认为其他成员不会太努力，可能会偷懒，所以自己也就开始偷懒，从而减少自己的努力。

（3）社会作用力的作用。在一个群体作业的情况下，每一个成员都是整个群体的一员，与其他成员一起接受外来的影响。当群体成员增加时，每一个成员所接受的外来影响就必然会被分散、被减弱，因而，个体所付出的努力就降低了。

在一个团队中，人们可能觉得团体中的其他人没有尽力工作，为求公平，于是自己也就减少努力；人们也可能认为个人的努力对团体微不足道，或是团体成绩很少能归于个人，个人的努力难以衡量，与团体绩效之间没有明确的关系，所以就降低个人努力，或不能全力以赴。

因此，要防止一个集体中出现社会懈怠效应，一个有效的办法就是在集体工作中将每个人的责任细化，实时跟踪其落实情况，并以可衡量的个人成绩作为奖惩依据。此外，使个体相信自己对团体有特殊贡献，也能有效减少社会懈怠现象的出现。

三个和尚没水吃

他可能会偷懒…

凭什么要我挑？我不能吃亏！真不公平！

不公平感引发的社会懈怠效应

　　如果集体工作中有一个人有偷懒行为，那么其他人就会感觉不公平，进而相继出现偷懒松懈的现象，致使工作效率非但没有提高反而会出现下滑。

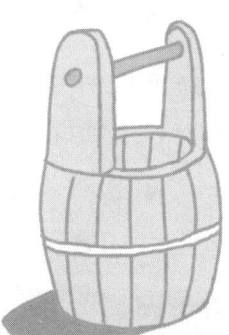

责任细化——防止社会懈怠

将每个人的责任细化可以有效防止社会懈怠。

在集体工作中将每个人的责任细化，实时跟踪其落实情况，并以可衡量的个人成绩作为奖惩依据，可以有效防止社会懈怠效应的出现。

第六章

心理疾病及治疗

初探心理疾病

心理疾病是指一个人由于精神上的紧张、干扰，而使自己在思维上、情感上和行为上发生了偏离社会生活规范轨道的现象。心理和行为上偏离社会生活规范程度越厉害，心理疾病也就愈严重。

心理疾病是很普遍的，只不过存在着程度区别而已。根据不同的标准或其严重程度分类，心理疾病可以分为感觉障碍、知觉障碍、注意障碍、记忆障碍、思维障碍、情感障碍、意志障碍、行为障碍、意识障碍、智力障碍和人格障碍等。

心理疾病在各个年龄段都有可能发生。一般来说，儿童常见的心理疾病主要有多动症、自闭症、精神发育迟滞、品行障碍、儿童选择性缄默、偏食和异食癖，以及一些具有儿童特点的儿童性别偏差（包括儿童异装癖）、儿童精神分裂症、儿童恐怖症和儿童情绪障碍（如焦虑症、抑郁症）等。

青少年常见心理疾病主要有考试综合征、由严格管束引发的反抗性焦虑症、恐怖症、学习逃避症、癔症、强迫性神经症、师生恋、恋爱挫折综合征、大学生常见的心理障碍和网络综合征等。

成年人常见心理问题主要有工作适应疾病，如过度成就压力、吝啬癖等；职业性心理疾病，如教师的精神障碍、单调作业产生的心理障碍、噪音和心理疾病、夜班和心理问题、高温作业的神经心理影响；性心理疾病，如色情狂、窥阴癖、异装癖、自恋癖、恋物癖和过度手淫等。

中老年最多见的心理疾病主要有更年期精神病、更年期综合征、痴呆、阿尔采莫氏病、老年期谵妄和退离休综合征等。

除此之外，可按照疾病的性质和发生原因划分为应激反应和适应不良反应、神经症、心身疾病、大脑及躯体缺陷诱发的心理疾病和严重心理障碍五种。

心理疾病的诱因主要有承受压力过大、感情与家庭的变故、依赖心理过强、无法承受突如其来的变化、耽于幻想难以接受并适应现实环境等。

心理疾病是什么

失眠症

疑病症

强迫症

焦虑症

何为心理疾病

　　心理疾病指的是一个人由于精神上的紧张、干扰，从而在思维上、情感上和行为上发生的那些异常的、具有不适感的、偏离社会生活规范轨道的现象。

心理疾病的分类

突然说明天考试，好紧张……

前十次算的结果可能都不对……

长期过于紧张导致心律不齐…

他们都排挤我……

生不如死……
生不如死……

心理疾病分为哪几种

　　总的来说，心理疾病主要有应激反应和适应不良反应、神经症、心身疾病障碍、大脑及躯体缺陷诱发的心理疾病和精神病五种类别，每一类别中还包括多种疾病表现，我们将在后续的文章中陆续说明。

应激反应和适应不良反应

有些人在面对突然而来的变故时，会表现出难以适应、继而出现一系列非正常的生理和心理反应，这种反应在心理学上被称为应激反应。

应激是在出乎意料的危险或紧张情况下所引起的反应。应激事件是指对一般人来说都是相当危险或十分严重的事情，如亲人死亡、考试失败、家人分离、遭受挫折、意外打击、罹患不治之症、受辱、被盗、失火、天灾人祸、战争情境等。

当这些突如其来的事件出现在每个人面前，会引起人们的应激反应，即引起人们心理和躯体上的一系列反应，出现心理和行为异常。轻者表现为情绪紧张、感觉过敏、惊慌失措、疲劳无力等；重者为抑郁、恐惧、焦虑、木僵、遗忘，以及植物性神经功能紊乱（如心悸、多汗、厌食、恶心、尿急、颤抖等）；严重者则出现肢体麻痹、失明，甚至导致休克或死亡。

有些人在面对新环境时，也可能会表现出一系列由不适感引发的异常生理和心理反应，这被称为适应不良反应。

适应不良反应由各种精神上的刺激所引起，一般来说持续时间较长，其作用的性质和强度因人而异。在同样的情景刺激下，有的人能够很快地适应，有的人却需要慢慢适应，有的人则根本不能适应，造成适应不良症。

对于不同的人，适应不良症的表现也有差异。有的人以情绪障碍为主，表现为抑郁、悲痛、烦恼、焦虑、恐惧等；有的人则以行为障碍为主，导致攻击性和反社会的行为。这种受环境改变造成精神上的紧张、干扰，而使自己在思想上、情感上和行为上发生了偏离社会生活规范轨道的现象，称为"适应不良综合征"。

"适应不良综合征"在我们日常生活中较为常见，如"假期综合征"、"好孩子综合征"、"退休综合征"、 高校学生"适应不良综合征"、孩子对新环境适应不良——转换难、青年社会适应不良——入世难等。

突如其来的事件总是让人很难过

应激反应

  一些突如其来的事件会引起人们心理和躯体上的一系列反应，出现心理和行为异常，如紧张、恐惧、焦虑等，这种现象在心理学上被称为应激反应。

为什么有的人难以适应新环境

适应不良反应症

　　适应不良反应症由各种精神刺激所引起，持续时间较长，不同的人表现也有差异。有人以情绪障碍为主，表现为抑郁、悲痛等；有人则以行为障碍为主，导致一些攻击性和反社会的行为。

神经症不等于精神病

神经症又称神经官能症，是由大脑机能活动暂时性失调而引起的心理障碍或异常。其特征为持久的心理冲突，主要表现为心理活动能力减弱，如注意力不集中，记忆力减退，学习和工作效率降低等；情绪失调，表现为情绪波动、烦躁、焦急、抑郁等；睡眠障碍，如失眠、噩梦、早醒等；有疑病性强迫观念，有各种明显的躯体不适应感，有慢性疼痛、急性头疼、腰痛，但检查不出器质性病变。

神经症主要包括以下六种病症：

（1）神经衰弱：表现为兴奋性增高症状、疲劳过程加速症状、植物神经功能障碍等。

（2）焦虑症：以焦虑情绪为主，并伴有神经功能紊乱和运动性不安。

（3）癔症（歇斯底里）：此病起病急，可表现出多种多样的症状。如感觉和运动机能障碍，内脏器官的植物性神经机能失调以及心理异常等。常有抽搐、头痛、胸闷、心烦、委屈、肢体震颤、眨眼、摇头、面肌抽动或运动麻痹等多种不同反应。

（4）强迫性神经症：它是以强迫观念和强迫动作为主要表现的一种神经症。常出现的强迫观念有：强迫疑虑、强迫回忆、强迫性苦思竭虑、强迫性对立思想；强迫意向和动作有：强迫意向、强迫洗手、强迫计算、强迫性仪式动作。

（5）恐怖症：是指对某些事物或特殊情境产生十分强烈的恐怖感。常有社交恐怖、旷野恐怖、动物恐怖、疾病恐怖，此外，还有不洁恐怖、黑暗恐怖和雷雨恐怖等。

（6）抑郁性神经症：表现为情绪低沉忧郁、整日闷闷不乐、自我谴责、睡眠差、缺乏食欲，通常在遭受精神刺激后发病，出现难以排解的抑郁心境，对生活没有乐趣，对前途失去希望，认为自己没有用处，还会伴有胸闷、乏力、疼痛等症状，严重时会出现自杀观念或行为。

神经症不等于精神病

神经官能症！

听说他得了神经官能症……

精神病？！

可能是……

神经症不等于精神病

　　神经症一般被称作神经官能症，属于轻度的心理疾病，表现为注意力不集中、焦虑等。而我们通常所说的"精神病"则指的是人格障碍，属于重度的心理疾病。

我不是精神病……

什么是神经症

什么是神经症

　　神经症是由大脑机能活动暂时性失调而引起的心理障碍或异常。其特征为持久的心理冲突，主要表现为心理活动能力减弱、情绪失调、睡眠障碍等，有各种明显的躯体不适感，但没有明显的器质性病变。

几种常见的神经症

不想出门……

焦虑症

第十次洗手

强迫症

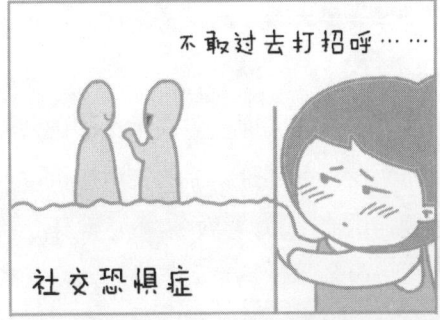

不敢过去打招呼……

社交恐惧症

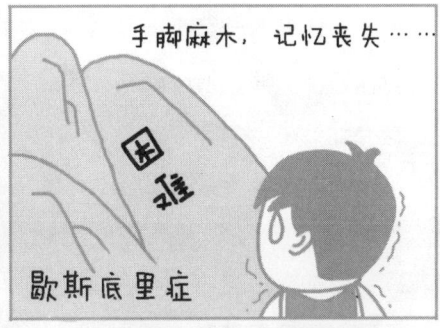

手脚麻木，记忆丧失……

困难

歇斯底里症

怎么都睡不着，头好痛……

是不是发烧了？

疑病症

几种常见的神经症

　　常见的神经症主要有焦虑症、强迫症、社交恐惧症、歇斯底里症、神经衰弱和疑病症等。

神经衰弱

身心症和依赖症

有的时候，我们会莫名其妙出现头痛、肚痛、腹泻的状况，这很有可能是由心理因素引发的身心疾病。从心理学上说，身心性的疾病也称为心身障碍，是指由心理社会因素诱发的躯体功能紊乱或器质性损害。发病时既有躯体的异常，也有心理和行为的异常。例如，有的孩子在上不喜欢的课或重要考试之前会出现神经性头痛、肚子疼等现象。

身心症的主要成因是无法承受当前的压力。当人们面对难以承受的过大压力时，体内的植物神经就会发生紊乱，进而诱发一系列身体上的疾病症状。

身心疾病分为两大类：一类是由客观存在的压力导致的"现实身心疾病"；另一类是由当事人自身背上压力重负导致的"性格身心疾病"。身心疾病多表现在循环、呼吸、消化、内分泌和神经系统上，如原发性高血压、支气管哮喘、肠易激综合征、神经性厌食症、偏头痛、植物神经失调等；还会表现为其他器官不适，如神经性尿频、眩晕症、多汗症等。

依赖症是指带有强制性的渴求，追求与不间断地使用某些药物或某种物质，或从事某种活动，以取得特定的心理效应，并无法戒断的一种行为障碍。

常见的现代人们依赖症主要有：手机依赖症——手机忘带心烦意乱、铃声不响左顾右盼、铃声一响条件反射、来电减少坐立不安等；网络依赖症——没电脑不知道如何写字、没电脑无法工作、不上网没法安心睡觉等；工作依赖症——失眠多梦、疲劳抑郁、无法迫使自己停下手头工作等；购物依赖症——看到喜欢的东西就无法抑制心中的冲动、盲目过度购物、一旦不能购物就寝食难安等。

除了上述症状，依赖症还多表现于酒精依赖、赌博依赖、补品依赖、香烟依赖、药物依赖和感情依赖等。

由于人与人都是在相互依赖的过程中建立起人际关系的，所以，无论是何种依赖症，其背后的本质都是对人际关系的依赖。

因压力导致的身心疾病

压力过大会导致身体出现病症

　　有些人在面对过大的压力时，体内植物神经会发生紊乱，进而身体上出现一系列疾病症状。如头痛、腹痛、恶心、眩晕等，心理学上把这种现象叫作身心症。

常见的身心症

几种常见的身心症

　　身心疾病分为两大类：一类是由客观存在的压力导致的"现实身心疾病"；另一类是由当事人自身背上压力重负导致的"性格身心疾病"。常见有原发性高血压、心律不齐、消化器官溃疡、神经性厌食暴食症等。

为什么酒瘾很难戒

依赖症

　　许多人一旦对酒和药物等上瘾以后便难以戒除，心理学上称其为"依赖症"。由于人与人都是在相互依赖的过程中建立起人际关系的，因此，依赖症的背后其实是对人际关系的依赖。

常见的依赖症

酒精依赖

维生素 钙片
蛋白粉

补品依赖

手机没带，今天该怎么办……

手机依赖

收款台

购物狂

几种常见的依赖症

　　常见的依赖症有对物质的依赖，如酒精依赖、香烟依赖、药物依赖、补品依赖，及对过程的依赖，如赌博依赖、手机依赖、购物依赖等。

由身体病患引发的心理疾病

一些大脑功能发育不全、器质性病变患者及一些由先天或后天变故引起躯体上缺陷的患者，在遭遇身体病患的同时很可能也会引起某些心理或行为上的偏差。这种偏差也属于心理疾病的一种。简单来说，就是属于由身体病患引发的心理疾病。

一般来说，这一类的疾病可以分为三种不同类型：一种是由于大脑机能发育不全所表现的心理异常，如智力落后、智力迟滞等；另一种是随着大脑器质性病变而出现的心理疾病，如脑震荡、脑挫伤、脑动脉硬化、中毒或毒菌、病毒感染都可能造成脑器质性损害，从而产生如智力障碍、遗忘症、人格异常等症状。

除了脑部的发育不全或病变，身体上其他部位的缺陷也会诱发心理疾病，如由盲、聋、哑、跛等躯体缺陷时所发生的心理异常。这种情况下的心理疾病多表现为多疑、自闭等心理偏差和行为偏差。轻者不愿与人交流，自怨自艾；重者甚至可能出现一些对自己和他人具有一定危害性的极端行为。

对于由大脑器质性病变引发的心理异常的患者，人们应当给予更多的关心、爱护和体谅，帮助他们尽量恢复正常的生活；对于一些由于其他肢体残缺而引发心理异常的患者，人们应多给予鼓励和支持，多关心他们的生活，帮助他们摆脱由于身体残缺造成的心理阴霾，重拾对生活的信心，在必要时也可以借助专业的心理治疗机构予以辅导治疗。

脑疾可能会诱发心理疾病

脑疾诱发的心理疾病

　　大脑机能发育不全或出现器质性病变都有可能会造成心理异常，如智力迟滞、智力障碍、遗忘症、人格异常等。

身体缺陷也会诱发心理疾病

由身体缺陷引起的心理疾病

　　有些人由于自身的躯体缺陷会导致出现心理异常，如多疑、自闭等心理偏差和行为偏差，严重者会出现有危害性的极端行为。

精神障碍

严重的精神障碍是指人的整个心理机能的瓦解，心理活动各方面的协调遭到严重的损害，而且机体与周围环境的关系也严重失调，病症主要有人格障碍、精神分裂症、躁狂抑郁症等。

人格障碍是指人的思维、情感、行为和与他人间的关系偏离正常形态，这不仅会给自身带来困扰，还可能会给他人和社会造成麻烦和危害。一般认为，人格障碍的形成原因是遗传和大脑机能等身体上的原因，或是幼儿时期的发育障碍。人格障碍患者一般不会自然痊愈，必须求助于专业治疗。

主要的人格障碍有妄想型人格障碍、分裂型人格障碍、回避型人格障碍、依赖型人格障碍、强迫型人格障碍、表演型人格障碍、边缘型人格障碍和反社会型人格障碍。

精神分裂症是一种持续、通常是慢性的重大精神疾病，是精神病中最严重的一种，是以基本个性改变，思维、情感、行为的分裂，精神活动与环境的不协调为主要特征的一类最常见的精神病。精神分裂多发生在青少年时期或成年初期，隐匿起病，主要影响的心智功能包含思考及对现实世界的感知能力，并进而影响行为及情感。临床上表现为思维、情感、行为等多方面障碍以及精神活动不协调。患者一般意识清楚，智能基本正常。

躁狂抑郁症是以原发性情感情绪障碍为临床表现，躁狂发作期言语明显增多，联想加快，观念飘忽，注意力不集中，情绪极端高涨，精力非常充沛，自我评价过高，行为轻率；抑郁发作期言语明显减少，感知迟钝，联想困难，思维迟缓，情绪低落，甚至出现轻生念头。

躁狂抑郁症可以分为三类：躁狂状态反复出现的单一型（躁狂症）、抑郁状态反复出现的单一型（抑郁症）和躁狂状态与抑郁状态交替出现的循环型（躁狂抑郁症）。根据统计，其中抑郁症占50%，躁狂抑郁症占40%，躁狂症只占10%。

各种各样的人格障碍

人格障碍

　　人格障碍是指人的思维、情感、行为和与他人间的关系偏离正常形态，不仅会给自身带来困扰，还可能会给他人和社会造成麻烦和危害。人格障碍患者一般不会自然痊愈，必须求助于专业治疗。

精神分裂症

思维障碍

情感障碍

意志行为障碍

自我意识障碍

精神分裂症

　　精神分裂症的特点是患者基本个性的改变，并出现感知、思维、情感和行为的分裂，属于严重的心理疾病，青少年或成年初期是易发时期。

躁狂抑郁症

躁狂期

抑郁期

躁狂抑郁症

　　躁狂抑郁症是以原发性情感情绪障碍为临床表现，躁狂发作期言语明显增多，情绪极端高涨，精力过于充沛，行为轻率；抑郁发作期言语明显减少，感知迟钝，情绪低落，甚至出现轻生念头。

常见的心理治疗法

所谓心理疗法，是指受过专门训练的临床心理师或心理咨询师，对寻求解决心理上的烦恼和问题的人所实施的，旨在减轻或消除其烦恼问题的心理上的治疗及其技法。简单来说，心理疗法就是利用心理学方法，通过语言或非语言因素，对患者进行训练、教育和治疗，用于减轻或消除身体症状，改善心理精神状态，适应家庭、社会和工作环境。

心理疗法分为个人疗法和群体疗法两种。个人疗法是指患者与治疗者进行一对一的治疗，治疗方法主要包括精神分析疗法、行为疗法、格式塔疗法和游戏疗法等；群体疗法是指连同患者的家人或患有同样病症的其他人共同进行的带计划性和组织性的治疗方法，主要包括精神分析疗法、行为疗法、行为预演、放松训练及家庭疗法等。

咨询疗法也叫求助者中心疗法，旨在创造一个良好的环境，使患者被压抑的情感体验得以宣泄，以期改变其不良的心理状态和行为，达到治疗的目的。咨询疗法重点在于来访者（患者）的自我倾诉宣泄。在咨询疗法中，咨询师所扮演的角色更多的是一名倾听者。

精神分析疗法也叫心理分析疗法，是心理治疗中最主要的一种治疗方法，适用于对心因性神经症的治疗。精神分析一般通过精神宣泄、自省和反复剖析三种途径来显示其效果。

行为治疗是以减轻或改善患者的症状或不良行为为目标的一类心理治疗技术的总称。其目的在于对行为的转化，即通过各种专业的治疗技术，将异常行为和不适应行为转化为正常行为和适应性行为，适用于对恐怖症、强迫症和焦虑症等神经症、抽动症、肌痉挛、口吃、咬指甲和遗尿症等习得性的不良习惯，贪食、厌食、烟酒和药物成瘾等自控不良行为，轻度抑郁状态及持久的情绪反应等心理疾病的治疗。

交谈真可以治病吗

前些天总是感觉压抑…于是去做了个心理咨询……

聊了几次，感觉好多了……

"聊天"治病——心理治疗法

　　所谓心理疗法，是指受过专门训练的临床心理师或心理咨询师对寻求解决心理烦恼的人所实施的，旨在消减其烦恼的心理上的治疗及技法。

聊天真能治病？！

咨询疗法

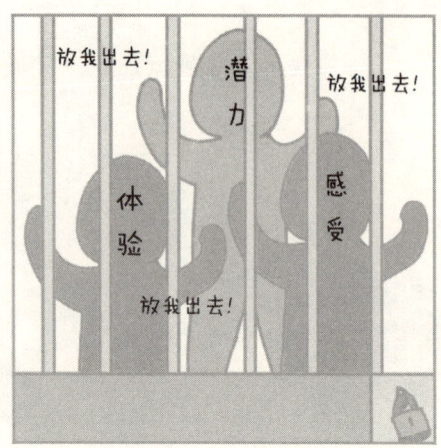

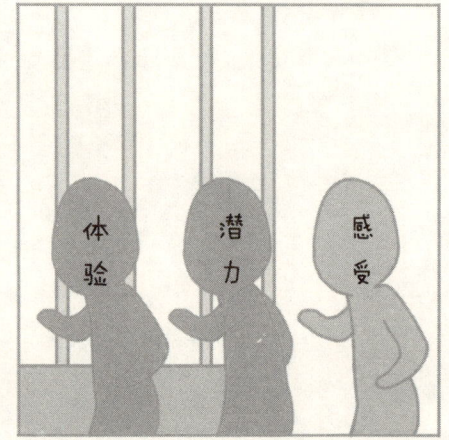

咨询疗法

咨询疗法也叫求助者中心疗法，旨在创造一个良好的环境，使患者被压抑的情感体验得以宣泄，以期改变其不良的心理状态和行为，达到治疗的目的。

精神分析疗法

精神分析疗法

精神分析疗法适用于心因性神经症，着重于对"无意识"的探求，由弗洛伊德提倡，重点在于咨询师对患者的自由联想和梦的内容进行分析解释，以探寻和解放患者内心被压抑的东西。

行为疗法

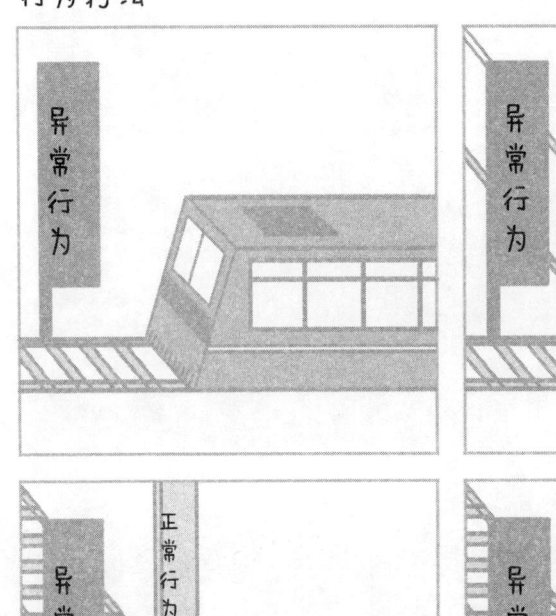
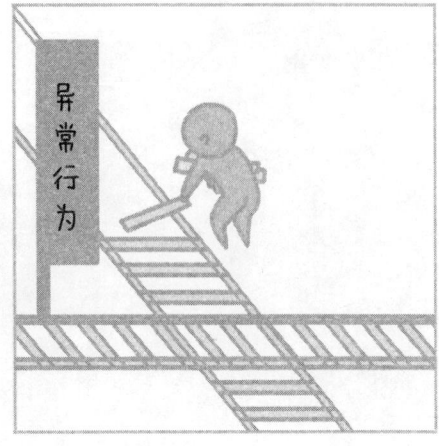
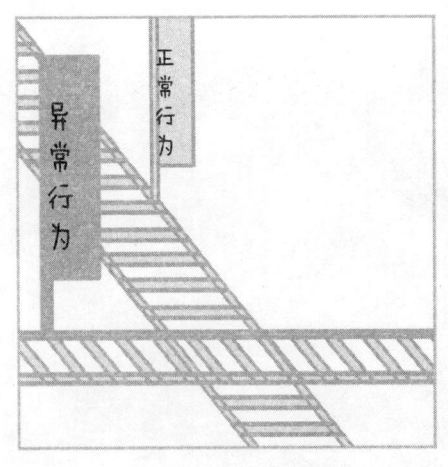
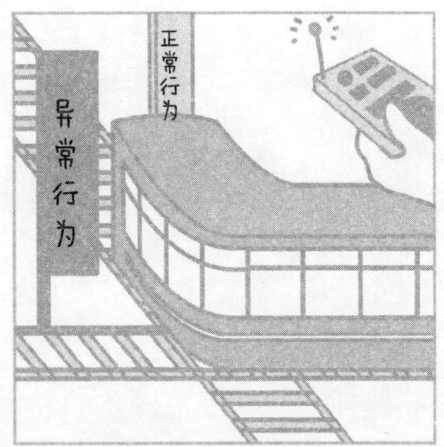

行为疗法

　　行为疗法的目的在于对行为的转化，即通过各种专业的治疗技术，将异常行为和不适应行为转化为正常行为和适应性行为。

第七章

八大必知的心理学定律

手表定律

森林里生活着一群快乐的猴子。一天，一只猴子在玩耍时捡到了一只手表，聪明的猴子很快就搞清了手表的用途，于是，它成了整个猴群的明星。每只猴子都来向它请教确切的时间，整个猴群的作息时间也交由它来规划。渐渐地，这只捡到手表的猴子在猴群中建立起了威望，当上了猴王。

猴王认为是手表给自己带来了好运，于是它每天在森林里巡查，希望能够拾到更多的手表。功夫不负有心人，猴王终于拥有了它的第二块、第三块表。但这时，麻烦就出现了：每只表的时间指示都不相同，哪一块表的时间准确呢？猴王被这个问题难住了。当有下属来问时间时，猴王支支吾吾回答不上来，整个猴群的作息时间也因此变得混乱了。

只有一块手表，可以知道时间；拥有两块或者两块以上的手表并不能告之更准确的时间，反而会制造混乱，会让看表的人失去对准确时间的信心。这就是心理学上常提到的"手表定律"。

"手表定律"带给我们一种非常直观的启发：对于任何一件事情，不能同时设置两个不同的目标，否则将使人无所适从；对于一个人，不能同时挑选两种不同的行为准则或者价值观念，否则他的工作和生活必将陷入混乱。

在企业中，一名员工不能由两个以上的主管来指挥，否则将使这个人无所适从；对于一个企业，更是不能同时采用两种不同的管理方法，否则这个企业将无法发展。

在现实生活中，我们也经常会遇到类似的情况。比如择业时，地点、待遇不分伯仲的两家公司，你将如何选择？两件价格不菲的心仪之物，你只能买其中一件，你会选择哪一件呢？

要知道，两只表并不能告诉一个人更准确的时间，反而会让看表的人失去对准确时间的信心。你要做的就是选择其中较信赖的一只，尽量校准它，并以此作为你的标准，听从它的指引行事。

手表定律

手表定律——标准太多会导致无所适从

　　人的行为标准在某一时刻必须是唯一的，如果同时面对两个或多个不同行为准则或价值观念时，他的生活和工作必将陷入混乱，变得无所适从。

蘑菇定律

蘑菇定律是指初入职场的人，常常会被置于阴暗的角落而不受重视，仿佛是蘑菇的培育，不但默默无闻，还要被浇上大粪。蘑菇生长必须经历这样一个过程，人亦如此。

很多初入职场的"新鲜人"都对自己抱有很高的期望，认为自己应该得到重用，应该得到丰厚的报酬。抱着这种想法的后果就是工资成了衡量彼此价值的唯一标准。一旦得不到重用，或达不到理想的收入，在校园编织的梦想就会轻易破灭。这时就容易失去信心，失去工作的热情，进而以消极的态度对待工作。

很多初入集体的人，初期都要接受各种无端的批评和指责，代人受过而得不到应有的指导和提携，处于自生自灭的状态。有些莽撞者为了获得上司和同事的注意，急于表现，发表轻率的言论。这不但不能引起人们的注意，相反还会引起老员工的反感，留下夸夸其谈、不知轻重的印象。

要知道，蘑菇出世没有人会刻意注意。要磨掉棱角适应社会，在最单调的工作中学习，认真对待每一件事情，多做事、少抱怨，主动自发地学习，在不被人注意的时候时刻激励自己，才能有所作为。

绝大多数人都要经历蘑菇的萌发过程。但是，萌发的时间过长，就会被人认为是庸才或是无能者。所以，要善于表现自己，寻找机会脱颖而出。找到自己的定位，选择自己的道路，在组织中把忠于集体放在首位，通过坚持不懈地努力获得成功。

摆脱蘑菇定律，就要多多激励自己。在适当的场合恰如其分地表现自己，不要担心别人注意不到你而过分表现；及时总结为人处世的经验，用最快的时间让自己成熟起来；在工作中要主动自发地做事，多行事、少抱怨，不断地学习修身，提高自身的素质和能力。

蘑菇定律

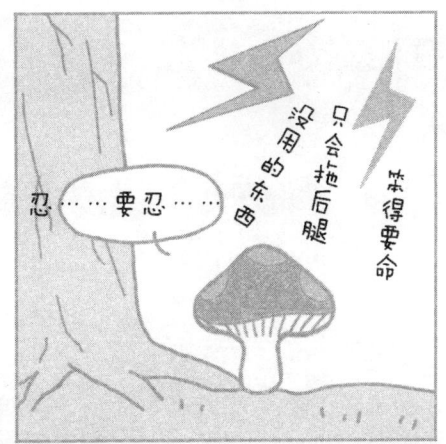

蘑菇定律——忍耐是成功的前提

　　每个人的成长都会经历一些苦难，无法忍受苦难的人只能庸碌地度过一生，只有那些能够经历困苦袭击考验的人才能突出重围迈向成功。

167

毛毛虫效应

法国心理学家约翰·法伯曾经做过一个著名的实验，称之为"毛毛虫实验"。把许多毛毛虫放在一个花盆的边缘上，使其首尾相接，围成一圈。在花盆周围不远处，撒了一些毛毛虫喜欢吃的松叶。

毛毛虫开始一个跟着一个，绕着花盆的边缘一圈一圈地走。一小时过去了，一天过去了，又一天过去了，这些毛毛虫还是夜以继日地绕着花盆的边缘转圈，一连走了七天七夜。最终它们因为饥饿和精疲力竭而相继死去。

后来，科学家把这种喜欢跟着前面的路线走的习惯称之为"跟随者"的习惯，把因跟随而导致失败的现象称为"毛毛虫效应"。

我们在日常生活中也同样难逃这种效应的影响。比如，在工作、学习和日常生活的过程中，对于那些"轻车熟路"的问题，会下意识地重复一些现成的思考过程和行为方式，因此很容易产生思想上的惯性，不由自主地依靠既有的经验，按固定思路去考虑问题，不愿意转个方向、换个角度想问题。

虽然固有的思路和方法具有相对的成熟性和稳定性，可以缩短和简化解决的过程，更加顺利和便捷地解决某些问题。但与此同时，它也有消极的一面。长年累月地按照一种既定的模式思考问题，不仅容易使人厌倦，更容易麻痹人的创造能力，影响潜能的发挥。

毛毛虫效应的启示是：固有的习惯、方法不利于事物的创新发展。

时代在不断变化和发展，我们自己也在不断地成长和发展。对于任何问题的解决不能禁锢于以往的僵化模式，而要不断地创新和与时俱进，从而能够适应时代变化以及自身发展的需求。只有在工作和生活中有所创造，摆脱自己头脑中的思维定势，不再因循前人的足迹，而是另辟一条属于自己的蹊径，才能百尺竿头，更进一步。

毛毛虫效应

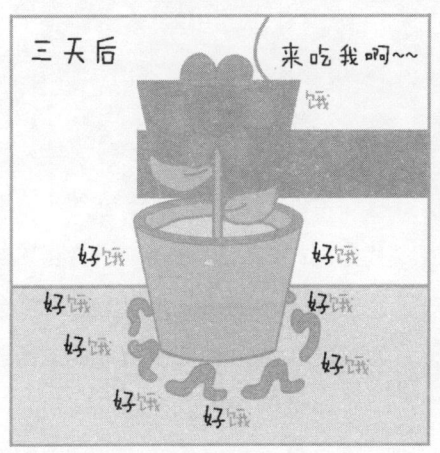

毛毛虫效应——墨守成规引发的悲剧

　　固有的习惯经验往往是困住我们思维行动的枷锁。当生活和工作陷入停顿或遭遇挫折时，我们只有打破常规思维，另辟蹊径才能找到突破。

投射效应

心理学研究发现，人们在日常生活中常常不自觉地把自己的心理特征（如个性、好恶、欲望、观念、情绪等）归属到别人身上，认为别人也具有同样的特征，如自己喜欢说谎，就认为别人也总是在骗自己；自己自我感觉良好，就认为别人也都认为他们很出色……心理学家们称这种心理现象为"投射效应"。

由于投射效应的存在，我们常常可以从一个人对别人的看法中来推测这个人的真正意图或心理特征。

具体讲，投射效应有以下三种表现：

第一是相同投射。在与陌生人交往时，因为互相不了解，相同投射效应特别容易发生，通常在不知不觉中就已然从自我出发作出判断。自己感到热，以为别人也闷热难耐，以致客人来了就大放冷气空调；自己爱喝酒，招待客人就推杯换盏猛劝酒。有的老师在讲课时，对于某些概念不加说明，以为这是十分简单的基本常识，学生们应该了解和熟悉。但是，在老师看来很简单的东西，学生则不一定认为简单。这种投射作用发生的主要机制在于忽视自己与对方的差别，在意识中没有把自我和对象区别开来，而是混为一谈，认为他人也跟自己一样，从而合二为一，将对方进行了自己同化。

第二是愿望投射。即把自己的主观愿望加于对方的投射现象。认知主体以为对象正如自己所希望的那样。比如一个自我感觉良好的学生，希望并相信导师给他的论文以好评，结果他就会把一个一般性的评语都理解成赞赏的评价。

第三是情感投射。一般来说，人们对自己喜欢的人越看越喜欢，并越来越觉得他有很多优点；对自己不喜欢的人，则越看越讨厌，越来越觉得他有很多缺点，令人难以容忍。因而，人们总是过度地赞扬和吹捧自己所喜爱者，而严厉地指责甚至肆意诽谤自己的厌恶者。这种现象在爱情生活中表现得十分明显。

投射效应

投射效应——

以自己的想法审度他人

人们总是习惯用自己的标准去衡量他人，错误地把自己的想法和意愿投射到别人身上。但若要获得良好的人际关系，就要先摆脱投射效应的干扰。

巴纳姆效应

一位心理学家曾经做过一个实验，他给一群人做完"明尼苏达"多相人格检查表（MMPI）后，拿出两份结果让参加者判断哪一份是自己的结果。事实上，一份是参加者自己的结果，另一份是多数人的回答平均出来的结果。参加者竟然认为后者更准确地表达了自己的人格特征。

这项研究告诉我们，每个人很容易相信一个笼统的、一般性的人格描述特别适合自己。即使这种描述十分空洞，他仍然认为反映了自己的人格面貌。曾经有心理学家用一段笼统的、几乎适用于任何人的话让大学生判断是否适合自己。结果，绝大多数大学生认为这段话将自己刻画得细致入微、准确至极。

人们常常认为一种笼统的、一般性的人格描述十分准确地揭示了自己的特点，心理学上将这种倾向称为"巴纳姆效应"，也被称为"福勒效应"。

在日常生活中，我们既不可能每时每刻去反省自己，也不可能总把自己放在局外人的位置来观察自己，于是只能借助外界信息来认识自己。正因如此，每个人在认识自我时很容易受外界信息的暗示，迷失在环境中，受到周围信息的暗示，并把他人的言行作为自己行动的参照。"巴纳姆效应"指的就是这样一种心理倾向，即人很容易受到来自外界信息的暗示，从而出现自我知觉的偏差，认为一种笼统的、一般性的人格描述十分准确地揭示了自己的特点。

要避免"巴纳姆效应"，客观真实地认识自己，就要学会面对自己，培养一种收集信息的能力和敏锐的判断力。根据自己的实际情况，选择身边条件相当的人作比较，找出自己在群体中的合适位置。还可以通过对重大事件，特别是重大的成功和失败认识自己。通常来说，越是在成功的巅峰和失败的低谷，就越能反映一个人的真实性格。

巴纳姆效应

巴纳姆效应——轻信笼统的人格描述是准确的

　　我们总是很容易相信一个笼统的、一般性的人格描述特别适合自己。但事实上，只有先摘掉这顶笼统的"帽子"，我们才能够真正面对和认识自己。

苏东坡效应

古代有则笑话：一位解差押解一个和尚去府城。住店时和尚将解差灌醉，并剃光他的头发后逃走了。解差醒时发现少了一个人，大吃一惊，继而一摸光头转惊为喜："幸而和尚还在。"可随之又困惑不解："我在哪里呢？"

宋代名家苏东坡的两句诗："不识庐山真面目，只缘身在此山中。"即人们对"自我"这个犹如自己手中的东西，往往难以正确认识。从某种意义讲，认识"自我"比认识客观现实更困难。社会心理学家将人们难以正确认识"自我"的心理现象称之为"苏东坡效应"。

客观世界就是在模糊与清晰的矛盾斗争之中发展的，人们对自我的认识也是如此。客观事物的模糊性反映在人的大脑之中，便产生了概念上及思维上的模糊性。由于人的思想往往不能全面地、精确地反映客观，这就常使人脑的模糊性和不确定性大于客观模糊性；又因为人类还具有自己的伦理、道德，意识、情操，这又使得这一人文领域的模糊性变得更为复杂。一方面，角色扮演者对"自我"的认识具有显而易见的重要性；另一方面，客观事物的模糊性又使得人们对"自我"的认识增加了难度。

一个人的自我评价也不是在封闭着的自我意识中自然地形成的，而是在与周围各种各样的人的接触中，注意他们对自己的态度，想象他们对自己的评价，并以此为素材，把它作为一个客观标准内化到自己的心中而形成自我形象的。由此可见，自我评价中有许多也是社会对自己评价的反映。

通常来说，人们对优良品质的自我评价常常比别人的估计高，对不良品质的自我评价则常常比别人的估计低，也就是说，我们更容易拔高自己。俗话说，"人贵有自知之明"，既要看到自己的长处，又要看到自己的不足。只有这样，才能在学习和工作中扬长避短，取得好的成绩。

苏东坡效应

苏东坡效应——"只缘身在此山中"

人们对"自我"这个犹如自己手中的东西，往往难以正确认识。所以，若想客观地对自己加以评定，就一定注意不要让"苏东坡效应"牵着鼻子走哦！

蝴蝶效应

蝴蝶效应是气象学家洛伦兹1963年提出来的，其大意为一只南美洲亚马逊河流域热带雨林中的蝴蝶，偶尔扇动几下翅膀，可能就会在两周后的美国得克萨斯州引起一场龙卷风。蝴蝶效应说明事物发展的结果对初始条件具有极为敏感的依赖性。初始条件的极小偏差，将会引起结果的极大差异。看似微不足道的细小变化，却能以某种方式对社会产生微妙的影响，甚至影响整个社会系统的正常运行。

蝴蝶效应通常用于天气、股票市场等在一定时段难以预测且比较复杂的系统中。

蝴蝶效应在社会学界用来说明一个坏的微小的机制，如果不加以及时地引导、调节，会给社会带来非常大的危害，戏称为"龙卷风"或"风暴"；一个好的微小的机制，只要正确指引，经过一段时间的努力，将会产生轰动效应，称为"革命"。

在我们的个人生活中，也常常会受到蝴蝶效应的影响。例如，一点小小的不愉快可能会影响一整天的情绪，甚至还会引起更多的烦恼，倘若不及时调整心态、摆脱其干扰的话，就有可能造成消极的后果。

当然，蝴蝶效应也有其积极的影响。比如，一件看似微不足道的善意之举很可能会对他人产生莫大的帮助，进而使其帮助到更多的人。

总而言之，蝴蝶效应的应用领域十分广泛，无论是政治、经济、社会生活，还是在企业管理、教育上，都可能会遇到蝴蝶效应。

蝴蝶效应给我们的启示是事物彼此间都有联系。成功往往是从小事开始的。因此，无论在做什么，我们都要充分关注细节，防微杜渐，注重事物之间的关联，把控全局，及时捉到那些对生命有意义的"蝴蝶"。

蝴蝶效应

刚才不小心撞到了经理……

蝴蝶效应——

"牵一发而动全身"

一件看似微不足道的小事极有可能影响一系列事件的发展。因此，我们要充分重视生活中的每个细节，以免产生不必要的麻烦。

他对我的印象肯定糟透了……

恐怕以后不会有好日子过了……

怎么办？怎么办？

泡菜效应

将同样的蔬菜放在不同的水里浸泡一段时间后分开来煮，它们的味道是不一样的。同样，人在不同的成长生活环境下，也会表现出不同的性格、气质和行为方式。这种环境对人的影响作用在心理学上被称为"泡菜效应"。

环境对人的成长有非常重要的作用，它既可以造就一个人，也可以毁掉一个人。一个人的行为举止、性格和气质的形成与他所处的环境密切相关。正如人们常说的"近朱者赤，近墨者黑"。"泡菜效应"揭示了"人是环境之子"的道理。环境对人的成长具有不可抗拒的影响作用，尤其是在成长时期。成长中的人对环境的影响更为敏感，"染苍则苍，染黄则黄"。因此，好的教育成长环境就显得尤为重要。

成年人也同样会受到环境影响而在不知不觉中改变自己的行为习惯。例如，将一个懒惰者放在一群勤奋的人之中，懒惰者就可能会渐渐改掉懒惰的毛病，变得和周围的人一样勤奋；将一个本来干劲十足的年轻人放到一个毫无生气的工作环境中，久而久之，他也有可能会变得懈怠，丧失激情。

泡菜效应还可以应用到人际关系交往上。除去先天带来的亲戚关系，后天成长过程中接触的人、交往的朋友是我们每个人生活中不可或缺的一部分，也是影响我们的主要环境。交益友，不仅可以共同感受喜怒哀乐，而且也会在必要时给予坚定的支持和有力的帮助；交损友，则会将人带至另外一个极端，使人毁灭。

从心理健康角度看，精神环境对人的影响作用往往超过了物质环境的作用。处于积极环境下的人们和处于消极环境下的人们，他们的人生观、价值观都会有很大差别，而这些差别就可能使他们的人生之路通向不同的方向。

我们每个人都有机会通过努力来选择或改变自己的环境，使自己处于一个健康的、愉悦的、催人奋进的良好环境之中。

泡菜效应

中药味温泉

玫瑰花香温泉

泡菜效应——不同环境造就不同的人

环境对人的成长有非常重要的作用，它既可以造就一个人，也可以毁掉一个人；同样，我们每个人也有机会通过努力来改变自己的生存环境。

第八章

无处不在的心理学

学习中的心理学

传说很久以前，塞浦路斯王子皮格马利翁喜爱雕塑。一天，他成功塑造了一个美女的形象，爱不释手，每天以深情的眼光观赏。看着看着，美女竟活了。这就是美国著名心理学家罗森塔尔和雅各布森提出的著名的"皮格马利翁效应"的由来。"皮格马利翁效应"也被称为"罗森塔尔效应"或"期待效应"。它给我们的启示是暗示有一种创造奇迹的力量，它可以将自己的信任和期望变成现实。

有些学生一到考试就"头脑中一片空白"，从心理学上讲，这就是"詹森效应"在作怪。"詹森效应"是指平时表现良好的人们当面对某些重要场合下的压力时，由于缺乏应有的心理素质，过度紧张而导致行为失败的现象。

掌握记忆的诀窍，学习过程才能事半功倍。人的记忆系统的遗忘进程是有序可循的，记忆的"艾宾浩斯曲线"是提高记忆力的有效方法。

很多人都有追求完美的心理，对自己眼中"不够完美"的素质能力总是羞于表达。然而在学习中，我们还是要适时抛弃因"不够完美"而产生的自卑感和羞愧感，防止"过度完美主义"给自己的学习过程造成困扰、阻碍。

如果一个人设立了不合情理的目标和动机，为了完成这个远超过自身能力的目标而拼命努力。一旦失败，就把原因归结到"自己不够努力"，然后用"再努力就行"，"这次一定成功"的话语来暗示自己，再次制定更高的目标和不合情理的计划。这样循环下去，就会形成心理学上所谓的"自我挫败性恶性循环"。因而，学习的目标要切实可行，过高和过低的目标都会使学习效率降低。

稳定、良好的学习成绩并不能靠几门学科的突出而决定，而是取决于所有学科的整体水平，这就是心理学上所说的"木桶定律"—— 一个水桶无论有多高，它盛水的高度取决于其中最低的那块木板。

患上"考试焦虑症"的小新

平时成绩很好的小新为什么一到考试就砸锅呢

从心理学上讲，这是"詹森效应"在作怪。有些同学对考试的期望值过高，惧怕失败，同时，给自己的压力过大，从而造成大脑皮层兴奋与抑制过程失衡，植物神经功能紊乱，因此便造成了"考试焦虑症"。

为什么老师讲的内容总是记不住

熟悉艾宾浩斯遗忘曲线，掌握记忆最佳时间

　　德国心理学家艾宾浩斯研究发现，人的遗忘速度是随着时间逐渐递减的。所以，我们在学习过程中要勤于复习，深化理解，不仅要注重学习之初的记忆，更要重视后期的不断保持和强化，这样才能保证所学的知识不被遗忘！

"哑巴英语"难过关

为什么我们学了多年的英语，却总是说不好呢

很多人都有追求完美的心理，往往担心英语说不好会令自己出糗，遭人笑话。其实若想达到一流的英语水平，就要摒弃羞怯心理和苛求完美的心理，把英语大声讲出来！

过高的目标容易导致放弃

不要给自己定下难以完成的目标

　　过高和过低的目标都会使学习效率降低。要记住设定目标的动机必须要符合实际，否则就极易陷入"自我挫败恶性循环"，失去自信心而导致自我放弃。

赵小圆还是没能挤进前10名

语文98

英语99

历史96

只有数学学不好，
照样不误前十名

数学58

x年x班期末考试

| 名次11 …… | 名次13 …… |
| 名次12 赵小圆 | 名次14 …… |

要特别留心学科中的"短板"

　稳定良好的学习成绩并不能靠几门学科的突出而决定，而是取决于所有学科的整体水平，这就是心理学上所说的"木桶定律"。

187

利用皮格马利翁效应提高学习成绩

Hi~请叫我皮格马利翁先生~

从前，塞浦路斯有个善于雕刻的王子。

啊！太完美了！我爱上你了！！

他爱上了他雕塑的一个少女。

神啊！请赐予她生命吧……

他日夜期盼雕像少女能活过来。

555，真是太感人了……

终于，爱神阿芙狄罗忒被感动了

阿芙狄罗忒给了雕像少女生命。

最后，他们终于生活在了一起。

利用皮格马利翁效应提高学习成绩

暗示有一种创造奇迹的力量，它可以将对自己的信任和期望变作现实。所以，要想提高自己的学习成绩，不如先试着热切地盼望好成绩的到来。

100分，100分

教育中的心理学

北风和南风进行比赛，看谁能把行人身上的大衣脱掉。北风首先来一个冷风凛冽，结果行人为了抵御北风的侵袭，便把大衣裹得紧紧的。南风则徐徐吹动，行人感到温暖便纷纷解开纽扣，相继脱掉大衣，南风获得了胜利。这就是心理学上著名的"南风效应"。

南风效应告诉我们一个事实：温暖胜于严寒。在教育过程中，家长和老师不妨利用南风效应，创造一个愉悦、温暖的教育氛围。同样，"期望效应"也能够发挥强大的威力。简单地说，期望孩子成为一个什么样的人，孩子就可能成为一个什么样的人。

每个人都是天生有自尊和羞耻感的，脸皮厚不是天生的。心理学上的"厚脸皮定律"指的是，人由于后天长期得不到别人的尊重，久而久之，其羞耻感会逐渐降低，变得对别人的不尊重行为习以为常。

为什么有的孩子总是对家长和老师的话"左耳进右耳出"呢？事实上，这种现象是由于大人说教的重复率过高而造成的。人的记忆是有选择性的，往往倾向于记忆那些自己想要记住的，而其余信息往往会被自动排斥。当孩子抗拒接收那些唠叨的话语时，他就必然会对这些话"充耳不闻"了。

每个人都力图使自己和别人的行为看起来合理，因而总是为这些行为寻找原因。一旦找到足够的原因，人们就很少再继续找下去，而人们又惯于寻找显而易见的外部动机。这就是心理学上所说的"过度理由效应"。而"禁果效应"是指，人们对他人越发禁止的事物，好奇心就越强烈。

"狄德罗效应"也叫"配套效应"，专指人们在拥有了一件新的物品后，不断配置与其相适应的物品，以达到心理上平衡的现象。"狄德罗效应"给人们的启示是对于那些非必需的东西尽量不要。因为如果你接受了一件，那么外界的和心理的压力会使你不断地接受更多非必需的东西。

"左耳进右耳出"为哪般

孩子为什么总是"左耳朵进，右耳朵出"呢？

人的记忆是有选择性的，往往倾向于记忆那些自己想要记住的，而其余信息往往会被自动排斥。家长若反复唠叨，那些话语就会被孩子的记忆系统所排斥。

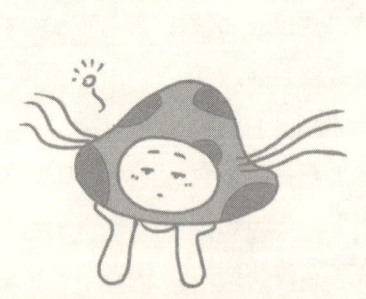

孩子为什么不为家长的责骂感到羞耻

孩子真的是"油盐不进"的吗

　　若家长无视孩子的自尊，动辄辱骂训斥，久而久之，孩子就会习以为常，对批评、指责的言语也就没那么敏锐了，这就是心理学上所说的"厚脸皮定律"。

教育要用"软刀子"

南风 PK 北风

利用南风效应，给孩子一把"软刀子"

南风效应给了我们这样一个启示：温暖胜于严寒。家长一味强硬，往往会适得其反，但若采取温和的态度，创造一个愉悦、温暖的教育氛围，就可以轻松使教育达到预期的效果。

根治坏习惯的绝招——欲擒故纵

如果你吹得更大声，妈妈就给你买一个变形金刚……

家里资金紧张，变形金刚不能买了……

几天以后……

为什么采取奖励能改掉孩子的坏习惯呢

人的行为动机分为自发性内在动机和刺激性外在动机，如果把自发行为条件化，那么当外部条件不复存在时，这种行为也就趋于终止。这在心理学上被称为"过度理由效应"。

以 "不让读书" 作为一种惩罚

不读书，那你以后都不许读书！

我想看书……

巧用禁果效应，反其道而行之

一味地禁止，非但不能达到阻止某种行为继续的目的，反而会助长这种行为持续发生，这就是心理学上所讲的 "禁果效应"。

童话

一件"睡袍"带来了意想不到的结果

18世纪法国有个哲学家叫丹尼斯·狄德罗.

一天, 朋友送了他一件华贵的睡袍.

但是问题出现了……

这些旧装饰配不上我的睡袍, 需要换了它们

焕然一新

利用狄德罗效应, 给孩子配一件优质"睡袍"

　　狄德罗效应启发我们, 人们一旦拥有一件新的物品, 就会不断配置与其适应的物品, 以达到心理上的平衡. 因此, 家长不妨适时给孩子配一件优质的"睡袍", 促使孩子产生与其相匹配的良好行为.

"说你行，你就行"

对孩子的热切期望会对孩子产生巨大影响

在教育过程中，"期望效应"常常可以发挥强大而神奇的威力。孩子的成长方向取决于父母和老师的期望，简单地说，你期望孩子成为一个什么样的人，孩子就可能成为一个什么样的人。

恋爱中的心理学

西方心理学家契可尼做了许多有趣的试验，发现一般人对已完成了的或已有结果的事情极易忘怀，而对中断了的、未完成的、未达目标的事情却总是记忆犹新。这种现象被称为"契可尼效应"。大多数人对自己的初恋情人总是特别难忘，正是由于初恋多是属于"中断了的"、"未完成"的。"契可尼效应"便发挥了作用，致使人们对它的印象尤为深刻。

心理学上有个著名的"晕轮效应"，又被称为"光环效应"，指人们对他人的认知、判断首先是根据个人的好恶得出的，然后再从这个判断推论出认知对象的其他品质的现象。简单来说，当一个人在你的眼里满是"光环"的时候，你便很难看到他身上的缺点与不足。这也就解释了为什么"情人眼里"总是"出西施"的现象。

在心理学上，人们把在复杂技能形成过程中出现的练习技能暂时停顿的现象叫"高原现象"。恋爱双方在热恋初期总是如胶似漆，但一段时间后就可能会出现精神疲劳，心理上产生一种茫然和失落感。这种心理被称为恋爱中的"高原心理"。

恋爱双方如果长时间保持太近的距离，便容易使双方丧失对彼此的好奇和新鲜感，逐渐趋于平淡。所以，要想保持长久的甜蜜爱情，要记得适当保持一定的心理距离。

与生俱来的好奇心和冒险欲会促使男人对陌生的事物特别有兴趣，所以，很多男人总是觉得"别人的老婆比较好"。很多年轻人在选择恋爱对象时，常习惯于挑选、比对。但是，过多的选择、比较往往会使人产生自惑心理，变得迷茫、自我干扰阻断，最终造成恋爱中一些不必要的困扰。

即使失恋，也可以适当运用心理学上的"酸葡萄定理"和"甜柠檬心理"来调节心情。利用酸葡萄定理，可以多想想对方身上的缺点；运用甜柠檬心理，可列出单身的好处，帮助摆脱失恋的阴霾。当然，无论利用哪种心理效应，都要注意适度，正视现实才是最关键的。

为什么初恋对象最难忘

为什么初恋总是特别令人难忘

多数人对那些未完成的、未达到目的的事情总是记忆犹新，这在心理学上被称为"契可尼现象"。由于初恋多是"未完成"的，所以人们便会对它的印象尤为深刻。

为什么热恋中的男女看对方都是十分完美的

据说爱情会让人视觉变得有些模糊，思维变得有些错乱……

她是如此温婉可人

偶尔不拘小节……

毛掉

就连发脾气都那么可爱

啊！她是那么的完美……

恋爱中极易产生"晕轮效应"

　　当你对一个人产生好感时，你就会不自觉地只注意对方身上的优点和迷人之处，从而忽略掉缺点和不完美，甚至会把缺点也看作优点，这就是心理学上讲的"晕轮效应"。

感情真的会被时间慢慢冲淡吗

恋爱初期

热恋中

交往一年

交往三年

热恋过后容易出现"高原心理"

恋爱双方在热恋初期总是如胶似漆，但一段时间后就可能会出现精神疲劳，心理上产生一种茫然和失落感。恋爱者的这种心理，在心理学上被称为恋爱中的"高原心理"。

感情真的会随着时间而减淡吗？

适当的距离才能产生美

热恋中的男女

亲爱的，恐怕我要离开一段时间

我会想你的

亲爱的，一个人在外面还习惯吗？

我一切都好！

有时我离开你，只是为了让你感觉一下想念的滋味……

即使是恋爱，也需要和对方保持一定的心理距离

太近的距离容易使恋爱双方丧失对彼此的好奇和新鲜感，逐渐趋于平淡。所以，要想保持长久的甜蜜爱情，就要保持一定的心理距离！

为什么老婆总是别人的好

为什么总觉得别人的老婆比自己的好
　　与生俱来的好奇心和冒险欲会促使男人对陌生的事物特别有兴趣。因此，他们对不在自己掌控之内的女性就会怀有一种猎奇的心理，而往往会忽略在自己身边的那个女人。

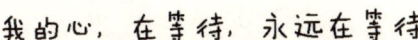

我的心，在等待，永远在等待

有的时候，
总希望那个她……

可现实中，不是……

就是…

为什么要等的人迟迟不肯出现？

为什么总感觉要等的人还不来

　　年轻人在选择恋爱对象时，常习惯于挑选、比对。但是，过多的选择、比较往往会使人产生自惑心理，变得迷茫、自我干扰阻断。

我到底想要什么……

失恋后的杜小歪

为什么他要离开我？！ sss……

失恋中痛苦的女孩

其实他似乎也没那么完美……

冷静下来的女孩

脾气坏的要命……

冷静下来的女孩

现在终于有大把自由的时间了……

冷静下来的女孩

适当利用"酸葡萄"和"甜柠檬"心理来缓解失恋的痛苦

即使失恋，也可以适当运用心理学将焦点转移。你可以多想一想他的缺点，或是把失恋看作一次集中精力学习、工作的大好机会。当然，这两种方法只能起到缓解的作用，关键还是要正视现实哦！

即使没了他，生活依然还很美好……

204

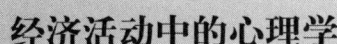

经济活动中的心理学

为什么我们常常为了一件新买的商品又会去多买四五件与之配套的商品？为什么人们更偏爱名人代言的产品？信用卡怎么会戒不掉？买卖双方讨价还价的"拉锯战"，谁才是最后的赢家？摸清经济活动中的心理学，你会觉得这个经济社会也并不是想象中那样难以捉摸。

我们常常无法抗拒"免费商品"、"买一赠一"的诱惑，从而买回一些无所用的东西；商家的过分"亲和体贴"也可能使我们出于"感情"而买下一些购物计划外的商品；功能雷同的产品，我们总是偏向于选择有明星或专家代言的那一款，或是倾向拥有"华丽外衣"的一款……我们总是不经意间就掉进了卖家的圈套。

"免费"仿佛带有一股巨大的地心引力，使人们抛弃理性思考趋之若鹜。而在买卖过程中，卖家常常运用一种诱导心灵的方式，借用一些亲密的称呼和言辞，拉近彼此距离，增强买家的信任感。一旦买家还价，商家总是先采用强硬拒绝的态度，继而作出微小的让步，在无形当中使买家获得成就感和满足感，从而达成交易。

"权威效应"，又称为"权威暗示效应"，是指一个人要是地位高，有威信，受人敬重，那他所说的话及所做的事就容易引起别人重视，并让大家相信其正确性。专家或明星代言，就刚好利用到了人们崇拜权威的心理。

美国经济学家凡勃伦提出的"凡勃伦效应"是指商品价格定得越高越能畅销。它是指消费者对一种商品需求的程度因其标价较高而不是较低而增加。它反映了人们进行挥霍性消费的心理愿望。

"鸟笼效应"是一个很有意思的规律。它说的是如果一个人买了一个空的鸟笼放在自己家的客厅里，过了一段时间，他一般会买一只鸟回来养。这是因为空鸟笼会给人一种心理上的压力，使其主动去买来一只鸟与笼子相配套。人们常常为了一件新买的商品而又会去多买四五件与之配套的商品，也正是"鸟笼"效应起了作用。

"买一赠一"的猫腻

"买一赠一"，到底是谁在"大出血"
"免费"仿佛带有一股巨大的
地心引力，使人们抛弃理性思考趋
之若鹜。其实，羊毛出在羊身上，
"免费商品"的成本最终还是会被
转移到消费者身上的。

为了芝士蛋挞，多买了个电烤箱

好想能亲手做一份芝士蛋挞哦！

没有电烤箱，怎么办？今天真的好想做蛋挞……

去买个烤箱好了。

烤蛋挞喽！！

为什么人们买了一件东西后又去买与之配套的东西

买了件新上衣，就想买一条新的牛仔裤来搭配；有了新牛仔裤，就还需要适合搭配的新鞋子、新皮包……人们有一种协调心理，会不断追求一种平衡状态。只有身边的事物配套齐全时才会觉得舒适满足，这就是心理学上所说的"鸟笼效应"。

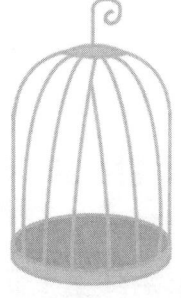

永远无法控制的信用卡

让人又爱又恨的信用卡

　　人们在使用信用卡的时候，很难有金钱支出的危机感，再加上一定的缓冲期，可以有效帮助缓解即时支出的压力，所以人们便很容易将刷卡作为一种消费习惯。

为什么专家代言的产品销路更广

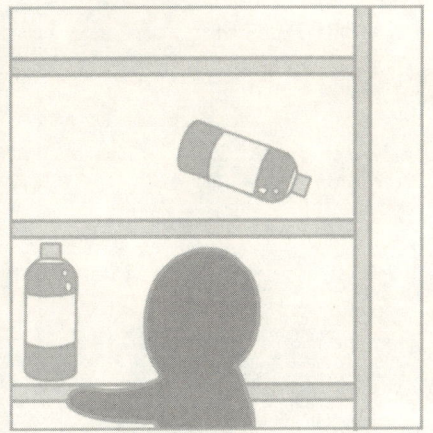

为什么请专家代言的产品卖得特别好

　　威望大的人往往容易引起别人的重视和追逐，这就是心理学上所说的"权威效应"。商家请专家代言，正是利用"权威效应"来诱导更多消费者跟风购买这些产品。

售货员为什么总爱和买家"套近乎"

使用亲密的称呼可以有效拉近买卖双方的心理距离

　　卖家常常运用一种诱导心灵的方式，借用一些亲密的称呼和言辞，在不知不觉中消除买家由于陌生而对其产生的距离感，增强买家的信任程度，从而达到将商品顺利售出的目的。

"美容"后的月饼更好卖了

普通月饼5元/500克

为什么物美价廉的月饼
总是卖不出去?

包装!

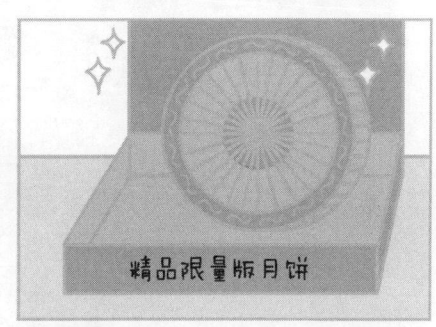

精品限量版月饼

精品月饼 250/盒

精品月饼 250/盒

为什么有些商品定价越高，销售情况会越好

　　有时候，消费者购买商品很大程度上是寻找心理上的满足。为了满足某些消费者的挥霍性心理，商家就会将商品售价提高，这在心理学上被称为"凡勃伦效应"。

"小"优惠做成"大"生意

为什么微小的让步能换得更大的成交

　　通常在买家还价时，商家先是采用强硬拒绝的态度，继而作出微小的让步，这就在无形当中使买家获得高度的成就感和满足感，从而调动起他们更强烈的购物欲望和积极性。

职场中的心理学

　　长假过后的第一个工作日总是特别难过：工作时间总觉得过得太慢、娱乐时间又总是过得太快；不经意间又会遭到"跳槽"和"瓶颈"的袭击；常常因为担心白天未完成的工作而导致夜晚辗转失眠……其实身为职场人，也需要了解心理学。

　　人的大脑皮层有系统性活动的机能，能够把这些刺激有规律地协调成为一个条件反射链索系统，这就是动力定型。人们在生活中养成的习惯、技能以及生活方式等在生理机制上都是动力定型的建立，当原有的动力定型遭到破坏的时候，人们便会产生不适感，这就是"假期综合征"的根源。

　　初入职场的新人总爱频繁跳槽，其实这是人的浮躁心理在作怪。其实盲目跳槽是非常不利于职业生涯发展的。工作多年的人们会因为对自己的工作内容和工作环境过于熟悉而出现厌倦、迷茫的情绪，这种情绪持续的时间段在心理学上被称为"职场休克期"。

　　在工作中，很多人在受到批评后不是冷静下来想想自己为什么会受批评，而是总觉得心里面不舒服，想找人发泄心中的怨气，这就很容易产生心理学上所说的"踢猫效应"。实际上，这不仅于事无补，反而容易激发更大的矛盾。因此，职场人士要学会有效控制情绪，正确对待自己的错误。

　　我们总会觉得工作的时间特别慢、玩乐聚会的时间又特别快。但实际上，时间是客观存在的，不会忽短忽长。之所以我们会有这种感觉，是因为我们在不同环境下的心理状态不同，因而对时间产生错觉所造成的。

　　心理研究表明，人的大脑会因为小事的纠缠而导致精神无法集中，或是注意力发生偏颇，这就是心理学上所说的"衍射心理"。因工作压力导致心理上的紧张状态，在心理学上被称为"齐加尼克效应"。因此，人们在日常工作中要警惕这两种心理现象的侵袭，避免不必要的麻烦。

万恶的星期一又来了

周末来喽~

Shopping~

周一真难过啊……

为什么周一会成为白领的"噩梦"

　　周末往往会破坏人们在工作日中形成的固有的"动力定型"。当旧的"动力定型"被破坏，而新的"动力定型"尚未形成时，人们就会觉得混乱、疲惫和不适应，因而形成了"星期一综合征"。同样的，"假期综合征"也是如此。

职场中的小"跳蚤"

跳槽

工作好累啊……

辞职！

得不到重视，辞职！！

那家公司待遇似乎更好，辞职？

矛盾 矛盾 矛盾

前面有的是机会，辞职……

频繁跳槽——浮躁心理在作怪

初入职场的新人大多心理较为浮躁，承受能力差，这山望着那山高，在工作中缺乏一种脚踏实地的心态，因而出现频繁跳槽的现象。实际上，这种现象是很不利于一个人的职业发展的！

莫做职场中"休克"的鱼

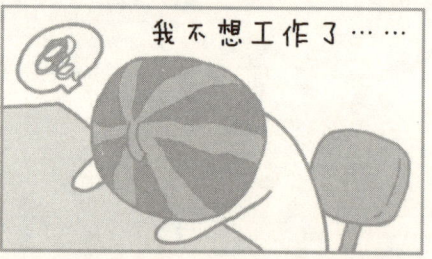

轻松越过职场"休克期"

　　由于对自己的工作内容和工作环境过于熟悉，很多人在工作几年后都会遭遇"职场休克"现象，表现为对工作突生厌倦、迷茫、失落的情绪。想要轻松越过"休克期"，可以随时给自己充充电，或者干脆给自己放一个轻松的长假吧！

为什么总被琐碎的小事耽误工作

星期天的聚会不知道都有谁去……

晚上回家要买青菜、胡萝卜……

路口那家新开的餐馆好像还不错……

新买的那件衬衫配什么鞋子好呢？

糟糕……

今天的报告为什么还没交给我？！

为什么工作的时候总会被小事分神

　　心理研究表明，人的大脑会因为小事的纠缠而导致精神无法集中，或是注意力发生偏颇，这就是心理学上所说的"衍射心理"。

217

为什么工作时间特别难熬

离午饭时间还有
两个小时……

开始工作！

加油！

怎么才过了一个小时？！

刚刚下午三点……

时间过得可真慢啊！！

为什么工作日的时间总是过得特别慢
　　我们之所以会觉得工作的时间过得特别慢、玩乐聚会的时间过得特别快，是因为我们在不同环境下的心理状态不同，因而对时间产生错觉所造成的。

你会为未完成的工作而焦虑吗

警惕"齐加尼克效应"的侵袭

　　因工作压力导致心理上的紧张状态，在心理学上被称为"齐加尼克效应"。当你在工作中由于压力而倍感疲惫焦虑时，不妨起身泡杯咖啡，或是到卫生间里洗个脸，以松弛一下紧张的大脑神经。

管理中的心理学

无论是把一匙酒倒进一桶污水还是把一匙污水倒进一桶酒里，最终得到的结果都是一桶污水，这就是管理学上一个有趣的定律——"酒与污水定律"。几乎在任何企业组织里，都存在几个像污水一样的人，给企业带来各种各样的矛盾和冲突。这就要求管理者掌握酒与污水的冲突与协调的技巧，有效运用酒与污水定律。

倾听是管理者与员工沟通的基础。"威尔德定理"告诉我们有效的沟通始于倾听。此外，任何消极不满的情绪都会影响到人的工作状态中，进而影响整个工作进程。作为管理者，要给员工适度宣泄不满的机会，使之情绪得以纾解。

在企业中，激励总是显得尤为重要。行之有效的激励方式是基于员工的需要而设定的。只有当激励符合自身需要时，员工才能最大限度地提高工作效率。

心理学上有个著名的"鲇鱼效应"，讲述的是挪威人将鲇鱼置于装满沙丁鱼的鱼槽里，使沙丁鱼为求生而拼命加速游动，最终得以存活下来的故事。"鲇鱼效应"给我们管理的启示是，适时引入外部竞争机制，是激发并重现企业内部活力的重要手段。

聪明的管理者要掌握批评的艺术，善于将批评的语言作成一枚好吃的"三明治"。第一层是认同、赏识；中间一层夹着建议、批评或不同观点；第三层是鼓励、希望、信任、支持和帮助，使之后味无穷。这种批评法，不仅不会挫伤受批评者的自尊心和积极性，而且还会使之积极地接受批评，并改正自己的不足。这在批评心理学上被称为"三明治效应"。

心理学家还发现，在一个只有男性或女性的工作环境里，即使条件再优越，人们依然容易疲劳，工作效率不高，而"男女搭配"则能有效缓解此种现象。这是因为，在人际关系中，异性接触会产生一种特殊的相互吸引力和激发力，对人的活动和学习起到积极的影响。这种现象就是心理学上常说的"异性效应"。

商人和渔夫的故事

钓到很多鱼呀

几个小时而已……

为什么不多用些时间去钓更多的鱼呢？

这样你就能挣钱买更大更多的船……

然后可以用所有的积蓄开一间公司，做大后让它上市……

然后你再卖出所有股票，赚上百千万，安享晚年……

其实我只想过现在的生活……

威尔德定理——有效的沟通始于倾听

上帝赐予我们两只耳朵一张嘴，就是要让我们多听少说。在企业中，倾听是管理者和员工之间有效沟通的重要基础。作为一名管理者，千万不要忘记多多聆听员工的心声！

激励，"讨巧"才能"讨好"

对于新人，大力肯定就是最好的激励

"平等"的对话是鼓励他的好办法

可以适当给他加点薪水……

至于他，恐怕只有我的位置才能激励他了……

激励员工的手段绝不仅仅是升职或加薪
　管理者要懂得根据员工的
实际需要选择适当的激励措施，
只有当员工所得最能满足他们
的需要时，激励才能够达到最
佳的效果。

批评也可以很美妙

最近有很大的进步哦！

但是在这件事上还有些问题需要注意……

是是！

不过其他方面，你真的很棒！

你说的我一定努力改正！

运用"三明治效应"，让批评变得可口

　　在批评心理学中，人们把批评的内容夹在两个表扬之中从而使受批评者愉快地接受批评的现象，称为"三明治效应"。合理利用这种批评法，不仅不会挫伤受批评者的自尊心和积极性，而且还会促使其积极接受批评，并努力改正自己的不足。

给你的员工准备一把"出气筒"

允许员工宣泄他们的不满

　　任何消极不满的情绪都会影响到人的工作状态，进而影响整个工作进程。因此，聪明的管理者要记得为你的员工准备好一把"出气筒"，让他们将内心的不满宣泄出来哦！

鲇鱼的追逐使沙丁鱼活了下来

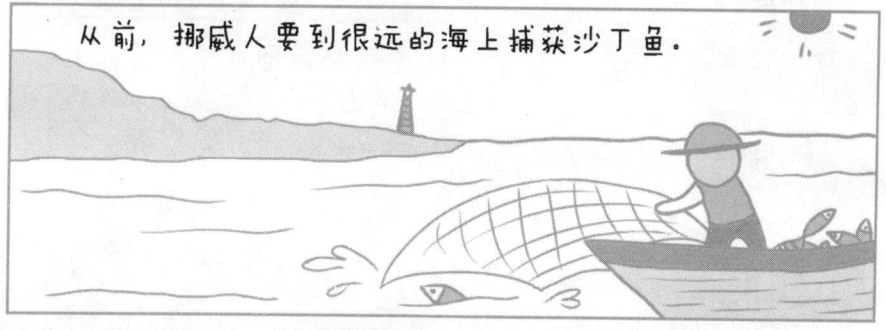

从前，挪威人要到很远的海上捕获沙丁鱼。

然而沙丁鱼总是来不及上岸就全部阵亡。

看我怎么吃掉你！

鲇鱼是沙丁鱼的天敌。

于是聪明的挪威人就把鲇鱼放进了捕鱼的鱼筐中。

最后……

适当引入外部竞争机制

当一个工作团队趋于稳定时，效率可能会下降。如果适时在团队中引入"鲇鱼式"的人物，就能有效激活员工队伍，提高工作业绩。

"男女搭配 干活不累"

为什么"男女搭配,干活不累"

人们在与异性相处的时候,身体里会自然产生一种神经传导物质——多巴胺。它能够使人倍感活力,因而充满激情。这在心理学上也被称为"异性效应"。

及时清理团队中的"烂苹果"

及时发现并清理团队中的"烂苹果"

　　一个插科打诨的人很可能将一个高效的部门变成一盘散沙，这就是心理学上所讲的"酒与污水定律"。因此，管理者要善于及时发现并果断剔除团队中的那个"烂苹果"，才能使整个团队保持高效哦！

社交中的心理学

与人初次见面的时候，为什么我们都希望给对方留下一个好印象？为什么大家都觉得面带微笑的人更易亲近？为什么有些人总爱对别人说三道四？有时候，一个不经意的微小动作就能折射出我们心里所想，这又是怎么一回事呢？

当我们面带微笑地站在镜子面前时，会看到一张美丽动人的脸庞；如果我们怒气冲冲地站在镜子前，看到的是一张同样愤怒的脸。我们将看到什么，取决于我们自己的情绪状态。同样，情绪在人与人之间也是具有传递性的，快乐或悲伤的情绪都可能影响到身边的人。

在与人交往的过程中，我们一定要记得给人留下一个好的"第一印象"。"第一印象"在心理学上被称为"首因效应"，也叫"首次效应"、"优先效应"。通常来说，第一印象作用最强，持续的时间也长。

但是，我们有时会拘泥于一些对人已有的印象而不能客观地看待对方，这就会出现心理学上所说的"刻板效应"。"刻板效应"又称"定型效应"，是指人们用刻印在自己头脑中的关于某人、某一类人的固定印象，以此固定印象作为判断和评价人依据的心理现象。

只有与人保持在一定距离时，我们才能够更充分地感觉彼此的美好，这就是心理学上所说的"刺猬效应"。心理学家研究发现，理想的社交距离为1.2～2.1米，这种距离会给人一种安全感，可以保持彼此间良好的社交关系。

我们周围难免会遇见一些喜欢对别人说三道四的人。从心理学上讲，有自我保护、嫉妒、自卑等心理的人偏爱背地里议论他人，以此来获得心理上的某种满足和平衡。

身体有时候也会折射出我们的内在情绪，有意或是无意地代替语言表达我们内心所想。这些非词语性的身体符号就叫作身体语言，包括目光与面部表情、身体运动与触摸、姿势与外貌、身体间的空间距离等。因此，解译人们的体语密码，可以帮助我们更准确地了解他人。

微笑的人招人爱

妈妈说，优雅的女孩要懂得微笑。

这样才能给人以好印象。

即使有时心情难免糟糕。

可出门后还要记得微笑。

微笑是人最好的一张"名片"

　　情绪在人群中是具有传染性的。当你面对他人保持微笑的时候，对方就会感受到你所散发出的好心情，进而产生愉悦的感觉，交往过程就会变得顺利。

不要总是和人挨得太近

即使关系再亲密，也要保持一定的空间距离

心理研究表明，太近的空间距离会让人产生不适感。两个人越是形影相随就越有可能爆发争吵，相互伤害，这就是心理学所讲的"刺猬效应"。

被疏远的李朵朵

听说她偷着去瘦身了……

听说她心机很重，要小心……

她说了很多你的坏话……

朵朵说…… 她还说…… 她还说……

为什么总有些人喜欢说三道四

对别人说三道四和抬高自己、贬低他人的行为都与人们的心理有很大关系。通常来讲，持有自我保护、嫉妒、自卑等心理的人偏爱背地里议论他人，以此来获得心理上的某种满足和平衡。

为什么她们都不理我了？

初次见面，要给人留个好印象

第一印象很重要

　　心理学研究发现，与一个人初次会面，45秒钟内就能产生第一印象。这一最先的印象对他人的社会知觉产生较强的影响，并且在对方的头脑中形成并占据着主导地位。这种现象在心理学上被称为"首因效应"。

白羊座的人都是易躁动的吗

简历

姓名：李择择
性别：男
星座：白羊座

星座书上说白羊座的人很
容易躁动……就像
冲动的魔鬼……

面试官

所以不适合做文员！

拒绝

警惕社交中的"刻板效应"

　　如果仅凭一个人所属的人群特征来判断他的性格特征，就很容易会产生偏差和错觉，误解对方，这就是心理学上所说的"刻板效应"。

我也太无辜了吧……

你能看懂人的身体语言吗

身体语言不会撒谎

　　身体语言能够更为直接地折射出人的心理活动。所以，即使人们可以在语言上伪装自己，但身体语言也还是会经常将他们"出卖"。

他正为某些事所困惑……

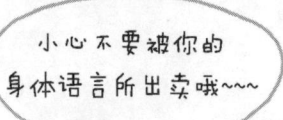
小心不要被你的身体语言所出卖哦~~~

他很无所谓嘛……

看来他很紧张呢……